中等职业学校教材

ZHONGDENG ZHIYE XUEXIAO JIAOCAI

Office 办公软件项目教程

Office BANGONG RUANJIAN XIANGMU JIAOCHENG

黄进龙　卢秋根　主编

朱丽　吴艳明　曹林峰　副主编

人民邮电出版社

北　京

图书在版编目（CIP）数据

Office办公软件项目教程 / 黄进龙，卢秋根主编
. — 北京：人民邮电出版社，2012.9
中等职业学校教材
ISBN 978-7-115-28675-8

Ⅰ. ①O… Ⅱ. ①黄… ②卢… Ⅲ. ①办公自动化—应
用软件—中等专业学校—教材 Ⅳ. ①TP317.1

中国版本图书馆CIP数据核字(2012)第189637号

内 容 提 要

本书采用项目化形式教学，重点强化学生操作技能的训练和培养。全书共分 11 个项目介绍 Office 办公软件的基本知识，Word 2003、Excel 2003、PowerPoint 2003 的操作及应用，以及办公软件的联合应用。

本书可以作为职业学校、技校、职业高中、各类培训学校等的实用教材，也是参加计算机高新技术考试及自学的必备参考书。

国家改革发展示范校重点建设专业特色教材

中等职业学校教材

Office 办公软件项目教程

◆ 主　　编　黄进龙　卢秋根

　　副 主 编　朱丽　吴艳明　曹林峰

　　责任编辑　王 平

◆ 人民邮电出版社出版发行　　北京市崇文区夕照寺街 14 号

　　邮编　100061　　电子邮件　315@ptpress.com.cn

　　网址　http://www.ptpress.com.cn

　　北京艺辉印刷有限公司印刷

◆ 开本：787×1092　1/16

　　印张：14.25　　　　　　　2012 年 9 月第 1 版

　　字数：348 千字　　　　　2012 年 9 月北京第 1 次印刷

ISBN 978-7-115-28675-8

定价：29.80 元

读者服务热线：(010)67170985　印装质量热线：(010)67129223

反盗版热线：(010)67171154

前　　言

职业教育是我国教育体系的重要组成部分，是国民经济和社会发展的重要基础。职业教育的教学质量直接关系到我国劳动者的素质，影响着经济发展的进程。随着国家中等职业教育改革发展示范学校项目建设计划的启动，新一轮职业教育改革在神州大地拉开了序幕。

随着教学改革的不断深入，Office 办公软件的教学在课程体系、教学内容、教学手段、教学模式等方面都发生了变化。为了适应这种变化，我们编写了这本教材。

本书的编写以人力资源和社会保障部全国计算机信息高新技术考试指定教材《办公应用软件应用（Windows 平台）试题汇编（操作员级）》为依据，涵盖了其全部知识内容，同时也包含了人力资源和社会保障部全国计算机信息高新技术考试指定教材《办公应用软件应用（Windows 平台）试题汇编（高级操作员级）》的部分内容，因此，本书也可作为这两本教材的配套教材使用。

本书是由长期从事计算机职业教育的一线老师集体编写而成的。他们集多年从事职业教育的经验、体会和对教育对象学习要求的深刻理解，倾注了大量的心血，编写了此书。本书采用项目化形式教学，重点强化学生操作技能的训练和培养，精选的项目综合实训既典型又实用，所运用的操作技能都是能够学以致用的实际技术与技能。在内容的取舍上以"实用、够用"为原则，不局限于陈规，重点介绍日常工作和学习中使用的知识和技能，充分体现了职业教育"教学做"一体化的特点。本书可以作为职业学校、技校、职业高中、各类培训学校等各类学校的实用教材，也是参加计算机高新技术考试及自学的必备参考书。

本书由首批国家中等职业教育改革发展示范学校项目建设学校江西省通用技术工程学校和第二批国家中等职业教育改革发展示范学校项目建设学校江西省商务学校的多位老师参与编写。本书由黄进龙、卢秋根任主编，朱丽、吴艳明、曹林峰任副主编，参加编写的还有曹昀剑、刘斌、万佳、喻云峰、万萍、欧阳红东、郭裕彬等。

本书在编写过程中，参阅了部分同行的有关著述，并得到了江西省通用技术工程学校和江西省商务学校领导的大力支持和鼓励，在此一并致谢！

教学改革既需要在教学思想、教学观念上进行变革，也需要在教材编写、教学方法、教学手段上进行更新。我们尝试做了一些工作，希望能为教学改革尽一点微薄之力。

由于编者水平有限，经验不足，书中难免存在疏漏和不足之处，敬请读者批评指正。

编　者

2012 年 6 月

目 录

项目十一　办公软件的联合应用

项目一　Word 文档的编辑

　　Word 是 Microsoft 公司开发的基于 Windows 环境的中文编辑软件，能够方便地进行文字、图形处理和各种表格的制作。本章以 Word 2003 为基础，介绍 Word 的各种功能和基本使用方法。

任务一　Word 2003 基础知识

　　Word 2003 是 Office 2003 中最重要的软件之一，适于制作各种文档。Word 2003 与以前的 Word 版本相比，新增加了一些功能，如【阅读版式】视图功能、多用户协调工作系统、多文档窗口并排比较功能、集成【组织结构图】功能、信息检索功能、增加新功能的 XML 编辑器等。

一、Word 2003 的启动

　　启动 Word 2003 可以通过多种方法来实现，其中常用的有以下几种。

　　① 单击"开始"菜单，将鼠标指针指向"程序"命令，在"程序"级联菜单中单击 Microsoft Word 2003 即可启动 Word。

　　② 如果桌面上有 Microsoft Word 2003 快捷方式的图标，可以直接双击该图标。

　　③ 使用"开始"菜单中的"运行"命令找到并运行 WINWORD.EXE（通常该文件可在"C:\Program File\Microsoft Office\OFFICE 11"文件夹中找到）。

二、Word 2003 界面介绍

　　启动 Word 后，会自动打开一个名为"文档 1"的 Word 窗口，屏幕画面如图 1.1 所示，其组成部分如下。

　　① 标题栏。标题栏位于窗口的顶部，其中包含了控制菜单按钮、程序按钮、所编辑的文档名、"最小化"按钮、"还原"按钮和"关闭"按钮。

　　② 菜单栏。位于标题栏下面的一行，其中横向排列着各个菜单的名称。单击菜单名称，出现对应的下拉式菜单，其中有相应的命令。

　　③ 工具栏。位于菜单栏的下面，给出可使用的工具，如剪切、粘贴、绘图等。

　　④ 格式栏。位于工具栏的下面，是处理文档的共用格式。格式栏中给出了字形、字体、字号等多种格式的处理。

　　⑤ 标尺。格式栏下方有数字的一行是水平标尺，用来显示文档正文的宽度。在页面视图下，编辑区的左侧会出现垂直标尺，用来调整上下页边距、设置表格的行高等。另外，标尺本身还具有排版功能，如使用标尺调整左右页边距、设置段落缩进、设置制表位、改变分栏

栏宽等。

⑥ 编辑区。水平标尺下方的空白区域是编辑区。编辑区的左上角有一个闪烁的竖直线，称为插入点，用来指出下一个键入字符出现的位置。

⑦ 滚动条。滚动条分为水平滚动条与垂直滚动条。编辑区中能够显示的内容是的限的，为了查看文档的其他内容，可以通过滚动条来滚动文档，从而将那些未出现在编辑区的内容显示出来。

水平滚动条的左侧有 5 个视图方式切换按钮："普通视图"、"Web 版式视图"、"页面视图"、"大纲视图"和"阅读版式"，用于改变文档的视图方式。

⑧ 状态栏。窗口的底部是状态栏，显示出当前编辑的状态，如页码数、行号、列号、插入点位置等。

状态栏的右侧有 4 个按钮："录制"、"修订"、"扩展"和"改写"，每个按钮表示 Word 的一种工作方式，双击某个按钮可以进入或退出这种方式。

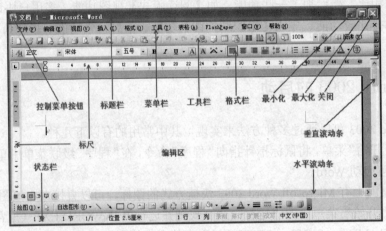

图 1.1   Word 2003 界面

三、Word 的退出

退出 Word 2003 也有多种方式实现，其中常用的有以下 4 种。
① 执行"文件"菜单下的"退出"命令。
② 单击标题栏右上角的"关闭"按钮。
③ 双击 Word 窗口的控制菜单图标，选择"关闭"命令。
④ 按下组合键 Alt+F4。

任务二   文档的基本操作

一、新建文档

字处理的工作在于建立一个新的文档，键入内容，进行相应操作。一般来说，当启动

Word 后会自动打开一个空白的文档，在标题栏上的文档名称是"文档 1.doc"，单击工具栏上的"新建空白文档"按钮，就又新建了一个空白的文档，它的名字为"文档 2.doc"，如图 1.2 所示。再单击"新建空白文档"按钮，就出现了"文档 3"。这是新建一个文档最常用的方法。

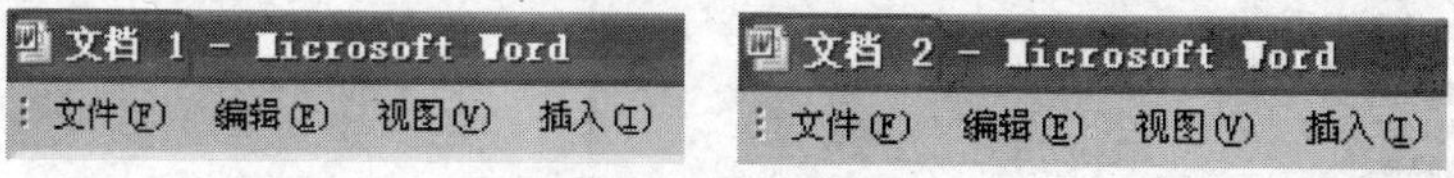

图 1.2 新建文档

除了上述方法以外，还有另外几种新建文档的方法。

1. 使用模板创建新的文档

Word 提供了许多模板让用户快速创建所需的文档。模板是一些按照应用文规范建立的文档，在其中已经填充了这些文体内固定的内容，并且还调整好了格式。使用模板新建文档，能够减少文字的录入，特别适合对应用文格式不大熟悉的用户。

如果要创建传真、信函或简历等，可以利用模板来创建文档，具体操作如下。

① 单击"文件"菜单下的"新建"命令，弹出"新建"对话框。

② 选择包含所需模板的名称。

③ 双击要使用的模板，即可创建新文档。

2. 使用向导创建新的文档

① 单击"文件"菜单下的"新建"命令，弹出"新建"对话框。

② 单击"其他文档"选项卡，其中给出了某些类型的向导图标。

③ 从中选定一种类型的向导图标，单击新建下面的"文档"单选钮，并单击"确定"按钮。

二、保存文档

一篇文档编辑好了以后，一定要记得保存，以备后用。

1. 保存新建的文档

保存新建文档的步骤如下。

① 单击"常用"工具栏中的"保存"按钮，或者单击"文件"菜单中的"保存"命令。弹出"另存为"对话框，如图 1.3 所示。

② 这里有一个"新建文件夹"按钮，它可是很有用的。我们平时的文件都是分类存放的，要保存编辑的稿件，可以新建一个文件夹把文件放到里面。单击"新建文件夹"按钮，在打开的对话框中输入文件夹的名称，如图 1.4 所示。

③ 单击"确定"按钮，回到"另存为"对话框。输入文档的名称，单击"保存"按钮，即可把文档保存在新建的文件夹中了。

2. 保存已有的文档

如果当前文档已经保存过，则单击"文件"菜单中的"保存"命令，或在工具栏上单击

"保存"工具按钮，还可以直接按 Ctrl+S 组合键。

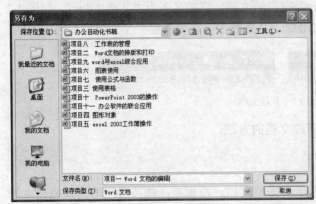

图 1.3   另存为对话框   图 1.4   新文件夹

3．将文档保存为其他格式

为了便于其他应用程序使用 Word 编辑的文档，可以将文档保存为其他格式。单击"文件"菜单中的"另存为"命令，打开"另存为"对话框，从"保存类型"下拉列表中选择所需的文件类型，然后单击"保存"按钮。

三、关闭文档

现在我们打开了多个文档，假如要关闭"文档 1.doc"，单击标题栏上的"关闭"按钮 ⊠ 就可以了。如果只打开了一个文档时，单击"关闭"按钮则会退出 Word，但在同时打开了几个文档时，它的作用就只是关闭当前编辑的文档，如图 1.5 所示。

在打开了几个文档的时候如果要直接退出 Word，则单击"文件"菜单，选择"退出"命令，就可以直接退出 Word 了。选择"退出"命令后，出现了一个提示对话框，如图 1.6 所示，如果在上次保存之后又对文档做了改动，系统就会提示在退出前进行保存。如果这些文件没有保存价值，则选择"否"。如果还要继续编辑文档，则选择"取消"。

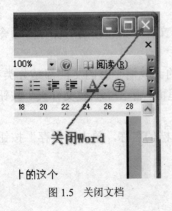

图 1.5   关闭文档

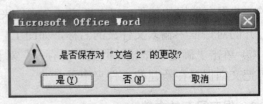

图 1.6   是否保存文件

四、打开文档

对于已经保存在磁盘上的文档，要对其进行编辑、排版等操作时，需要打开文档。单击工具栏上的"打开"按钮，弹出"打开"对话框，如图 1.7 所示。

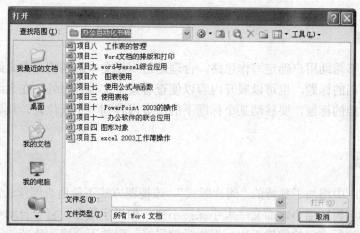

图 1.7　打开文件

如果在"打开"对话框中列出的当前文件夹内中有所需 Word 文档，只需在文件列表中选择要打开的文档名，然后单击"打开"按钮。如果所需文档不在当前文件夹里，则从"查找范围"下拉列表中选择要打开文档的驱动器，并选择文档所在的文件夹，双击该文件夹，选择要打开的文档名后单击"打开"按钮。

五、文档的视图

Word 有 5 种不同的显示视图方式来查看文档："普通"、"Web 版式视图"、"页面"、"大纲"和"阅读版式"。视图方式可以通过"视图"菜单中的命令切换，也可以单击水平滚动条左侧的视图方式按钮，切换到相应的视图方式。

1．普通视图

在 Word 中，普通视图是最常用的视图方式。在该视图方式下，各种特殊的文档格式都被显示在屏幕上，如字体、字号、斜体、粗体、段落缩进以及其他格式的设置。普通视图注重显示文字的格式，而简化了页面的布局，在普通视图下看不到页眉、页脚以及分栏的效果等。这样做的优点在于增大窗口的工作区域，可以快速输入、编辑文字或图形。

2．Web 版式视图

Web 版式视图是一种编辑视图，将活动文档切换到 Web 版式视图，可将文档按照在 Web 浏览器中的显示效果显示出来。它优化了版式布局，使得联机阅读更容易，其正文显示得更大，并且自动拆行以适应窗口，而不显示为实际打印的形式。

3．页面视图

页面视图可以查看各种对象在页面上的确切打印位置。该视图在编辑页眉和页脚时，可以调整页边距，设置分栏，在绘制图形对象以及利用文本框工作时很有用。

在页面视图方式下，计算机运行速度可能稍慢一些，但它有助于了解文档排版的外观和最终排版结果。

4．大纲视图

大纲视图能够帮助用户确定写作思路，合理地组织好文本的结构。在大纲视图中，可以折叠文档只看文档的标题，也可以展开内容以便查看整个文档。另外，在大纲视图中可以快速提升或降低文档的标题，要移动某个标题下的所有内容到一个新位置，只要拖动标题前的标记即可。

5．阅读版式

在 Word 2003 中增加了独特的"阅读版式"，该视图方式下最适合阅读长篇文章。阅读版式将原来的文章编辑区缩小，而文字大小保持不变。如果字数多，它会自动分成多屏。在该视图下同样可以进行文字的编辑工作，但视觉效果好，眼睛不会感到疲劳。

要使用"阅读版式"，只需要在打开的 Word 文档中，单击工具栏上"阅读"按钮，或者按 Alt+R 组合键就开始阅读了。阅读版式视图会隐藏除"阅读版式"和"审阅"工具栏以外的所有工具栏，这样的好处是扩大显示区且方便用户进行审阅编辑。

阅读版式视图的目标是增加可读性，文本是采用 Microsoft ClearType 技术自动显示的。可以方便的增大或减小文本显示区域的尺寸，而不会影响文档中的字体大小。想要停止阅读文档时，请单击"阅读版式"工具栏上的"关闭"按钮或按 Esc 键或 Alt+C 组合键，可以从阅读版式视图切换回来。

如果要修改文档，只需在阅读时简单地编辑文本，而不必从阅读版式视图切换出来。"审阅"工具栏自动显示在阅读版式视图中，这样，可以方便地使用修订记录和注释来标记文档。

任务三　　文档的编辑

一、光标的定位

1．启用即点即输

Word 2003 提供了一种即点即输的功能，即用鼠标在文档中的任何位置双击时，就可以将光标定位到鼠标双击的位置。设置此功能的方法是：打开"工具"菜单，单击"选项"命令，打开"选项"对话框，单击"编辑"选项卡，这里有"即点即输"一栏，选择"启用'即点即输'"复选框，然后单击"确定"按钮，如图 1.8 所示。

2．Ctrl 键+光标键

用键盘上的 4 个光标键配合 Ctrl 键进行定位。按 Ctrl+左方向键，光标向左移动一个词的距离；按下 Ctrl+右方向键，光标向右移动一个词的距离；按 Ctrl+上方向键，光标到了段落的开始位置，再按一下，光标到了上一个段落的开始位置；按 Ctrl+下方向键，光标到了下一个段落的首行首字前面。

3．Ctrl 键+翻页键

使用 Ctrl 键配合 Page Up 和 Page Down 键的作用是浏览页面。

按 Ctrl+Page Up 组合键，光标到了整个页面的首行首字前面，再按一下，光标到了前一页的首行首字前面。

按 Ctrl+Page Down 组合键，光标到了下一页的首行首字前面。

图 1.8　启用即点即输

二、文字的选取

1．用鼠标选取

在要选定文字的开始位置，按住鼠标左键移动到要选定文字的结束位置处松开；或者按住 Shift 键，在要选定文字的结束位置单击，就选中了这些文字。该方法对连续的字、句、行、段的选取都适用。

2．行的选取

把鼠标移动到行的左边，鼠标指针就变成了一个斜向右上方的箭头，单击，就可以选中这一行。或者把光标定位在要选定文字的开始位置，按住 Shift 键按 End 键（或 Home 键），可以选中光标所在位置到行尾（首）的文字。在文档中按下鼠标左键上下进行拖动可以选定多行文字；配合 Shift 键，在开始行的左边单击选中该行，按住 Shift 键，在结束行的左边单击，同样可以选中多行。

3．句的选取

按住 Ctrl 键，单击文档中的任何地方，鼠标单击处的整个句子就被选取。

选中多句：按住 Ctrl 键，在第一个要选中句子的任意位置按下鼠标左键，松开 Ctrl 键，拖动鼠标到最后一个句子的任意位置松开鼠标左键，就可以选中多句。配合 Shift 键的用法：按住 Ctrl 键，在第一个要选中句子的任意位置单击，松开 Ctrl 键，按下 Shift 键，单击最后一个句子的任意位置。

4．段的选取

在一段中的任意位置三击鼠标左键，选定整个一段。

选中多段：在左边的选定区双击选中第一个段落，然后按住 Shift 键，在最后一个段落中任意位置单击，可以选中多个段落。

5．矩形选取

按住 Alt 键，在要选取的开始位置按下鼠标左键，拖动鼠标可以拉出一个矩形的选择区域。

配合 Shift 键：先把光标定位在要选定区域的开始位置，同时按住 Shift 键和 Alt 键，鼠标单击要选定区域的结束位置，同样可以选择一个矩形区域（见图 1.9）。

6．全文选取

使用快捷键 Ctrl+A 可以选中全文；或先将光标定位到文档的开始位置，再按 Shift+Ctrl+End 组合键选取全文；按住 Ctrl 键在左边的选定区中单击，同样可以选取全文。

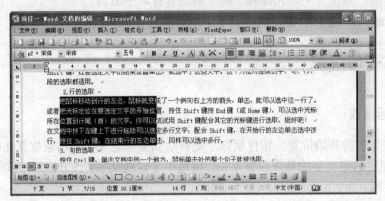

图 1.9　矩形选取

7．扩展选取

Word 还提供了一种扩展的选取状态。按下 F8 键，状态栏上的"扩展"两个字由灰色变成了黑色，表明现在进入了扩展状态；再按一下 F8 键，则选择了光标所在处的一个词；再按一下，选区扩展到了整句；再按一下，选择了一段；再按一下，选择了全文。按一下 Esc 键，状态栏的"扩展"两字变成了灰色的，表明现在退出了扩展状态。用鼠标在"扩展"两个字上双击也可以切换扩展状态。

扩展状态也可以同其他的选择方式结合起来使用，进入扩展状态，然后按住 Alt 键单击，可以选定一个矩形区域的范围。

选取文字的目的是为了对它进行复制、删除、拖动、加格式等操作。

三、文字的删除

当删除一整段的内容时，先选中这个段落，然后按 Delete 键或使用"编辑"菜单中的"清除"命令，就可以把选中的这个段落全部删除了。

还可以用 Backspace 键，它的作用是删除光标前面的字符。对于输入错误的字可以用它来直接删除。用 Delete 键则删除光标右边的字符。

四、复制、剪切和粘贴

对重复输入的文字，利用复制和粘贴功能比较方便，方法是：先选定要重复输入的文字，使用"编辑"菜单中的"复制"命令或右键菜单中的"复制"命令或快捷键 Ctrl+C 对文字进行复制；然后在要输入的地方插入光标，使用"编辑"菜单中的"粘贴"命令或右键菜单中的"粘贴"命令或快捷键 Ctrl+V 可以实现粘贴，这样可以免去很多输入的麻烦（见图 1.10）。

如果要移动文本，有两种常用的方法：一种是直接选中要移动的文本，按住鼠标左键不放，移动到合适的位置后松开鼠标左键；另一种是利用剪切与复制的方法实现。首先，将所需移动文本选中，选择"编辑"菜单中"剪切"命令，也可以单击常用工具栏中的"剪切"按钮，被选中文本从原有位置删除，并将它存放在剪贴板中；然后将光标移动要粘贴文本的位置，选择"编辑"菜单中的"粘贴"命令或单击工具栏中的"粘贴"按钮即可。

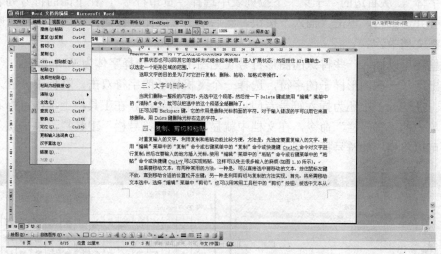

图 1.10　复制与粘贴

五、插入符号

在编辑文本的过程中，为了使文本更加美观，Word 提供了插入符号的功能。首先，将光标移至目标位置，选择"插入"菜单中的"符号"命令，弹出如图 1.11 所示的"符号"对话框，用鼠标单击所需的符号，再单击"插入"按钮。插入符号后，对话框中的"取消"按钮变成"关闭"按钮，单击"关闭"按钮关闭对话框。

选择"插入"菜单中的"特殊字符"命令，打开"插入特殊符号"对话框。对话框中有 6 个选项卡，分别列出了 6 类不同的特殊符号。从列表中选择要插入的特殊字符，单击"确定"按钮，选中的字符就插入到了文档中（见图 1.12）。

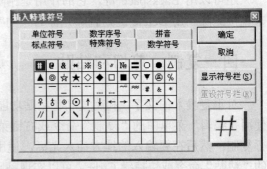

图 1.11 "符号"对话框　　　　　　　　　　　图 1.12 "插入特殊符号"对话框

　　选择"插入"菜单中的"符号"命令，打开"符号"对话框，单击"特殊字符"选项卡，如图 1.13 所示，双击商标符。单击对话框标题栏上的"关闭"按钮，关闭这个对话框，可以看到文档中已经插入了一个商标符。再打开刚才的对话框，单击"符号"选项卡，可以插入所有在 Word 中能辨认的字符。现在插入一个欧元符号：注意到左边的"字体"下拉列表中是"西文字体"，从右边的"子集"下拉列表中选择"货币符号"，在下面的符号列表框中找到欧元符号并选中它，单击"插入"按钮，然后单击"关闭"按钮，关闭对话框，欧元符号已经出现在文档中。

　　从这里还可以插入一些特殊的图形符号（见图 1.14），选择字体为 Wingdings，下面的符号列表中出现了一些图形样子的字符，选择一个飞机样子的字符双击，文档中就插入了这样一个字符。在 Word 中还为插入符号专门设计了一个符号栏。在工具栏上单击鼠标右键，选择快捷菜单中的"符号栏"命令，在文档中就显示出了"符号栏"工具栏，单击该工具栏上的按钮，可以将相应的符号插入到文档中。

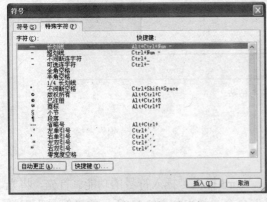

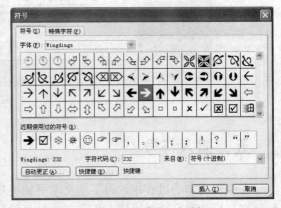

图 1.13 "特殊字符"选项卡　　　　　　　　　图 1.14 "符号"选项卡

六、插入时间

　　如果在文本中需要插入时间，可以选择"插入"菜单中的"日期和时间"命令。在语言下拉列表中可以选择不同的语言，如中文，英语等。选择不同的语言，在左边的可用格式中也会有所不同。例如，选择中文与英语，则两者的内容分别如图 1.15 和图 1.16 所示。

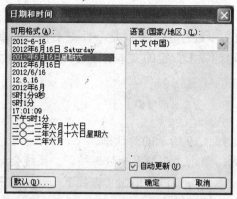

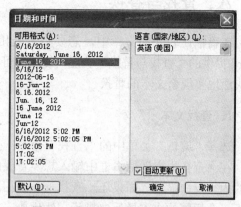

图 1.15 选择中文时的日期和时间格式　　　　图 1.16 选择英文时的日期和时间格式

　　用这种方法添加到文档中的日期和时间是根据 Windows 系统中的时间来确定的，如果系统的日期和时间设置不正确，则插入的日期和时间也不正确。

　　使用插入域的方法也可以插入日期和时间：打开"插入"菜单，单击"域"命令，打开"域"对话框，如图 1-17 所示。在左边的"类别"下拉列表中选择"日期和时间"选项，在"域名"列表框中选择"Date"，单击"选项"按钮，打开"域选项"对话框，从"日期/时间"列表框中选择一种日期格式，单击"添加到域"按钮，给要插入的日期和时间设置一个固定的格式；单击"确定"按钮，回到"域"对话框，单击"确定"按钮，在文档中就添加了一个日期。

七、插入数字

　　在 Word 里可以插入一些特殊的数字，如金额上大写的数字壹、贰、叁等。选择"插入"菜单中的"数字"命令，弹出"数字"对话框如图 1.18 所示。在"数字类型"列表框中选择"甲，乙，丙…"，然后在"数字"下的文本框中输入"4"，单击"确定"按钮，就可以在光标处插入一个"丁"字。

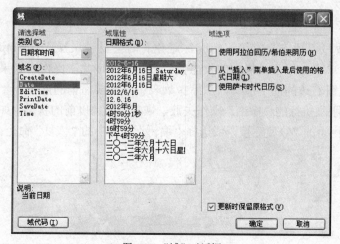

图 1.17 "域"对话框　　　　　　　　　　图 1.18 "数字"对话框

八、查找与替换

在篇幅比较长的文章中，想要将多处相同的文本进行一一替换是一件很不容易的事。Word 提供的"查找与替换"功能，使用户可以快速地找出指定的文本、格式和样式，并且可以快速地实现新文本的替换。

1．查找文本

选择"编辑"菜单中的"查找"命令，弹出如图 1.19 所示的对话框。

在"查找内容"编辑框中输入想要查找的文本，单击"查找下一处"按钮，系统会将找到的内容反白显示。如果还想查找下一处相同的文本，可以再次单击"查找下一处"按钮，在下一个相同的文本处反白显示，然后单击"关闭"按钮退出。

2．替换文本

如果要对一篇文档里的某个部分进行替换，先将光标移到文档的开头，选择"编辑"菜单中的"替换"命令，在"查找内容"编辑框中输入要查找的内容，在"替换为"编辑框中输入想要替换的文字。单击"查找下一处"按钮（见图 1.20），当查找到指定的内容后，单击"替换"按钮，即可完成相应的替换。若单击"全部替换"按钮，则自动将所有找到的文本全部进行替换。替换完毕，弹出消息框，表明已经完成文档的替换。

图 1.19 "查找和替换"对话框——"查找"选项卡　　图 1.20 "查找和替换"对话框——"替换"选项卡

九、撤销与恢复

当执行删除、移动、复制、改写、插入文本等编辑时，难免有时会发生误操作，Word 提供了非常方便的"撤销"命令，单击常用工具栏中的"撤销"按钮可撤销此次操作。如果要撤销多次操作，单击"撤销"按钮右边的向下箭头，从下拉列表中选择要撤销的操作。

恢复是撤销的逆操作，可以使刚刚执行的"撤销"操作失败，恢复到撤销以前的状态。如果要执行恢复操作，单击常用工具栏中的"恢复"按钮或选择"编辑"菜单中的"恢复"命令。

十、批注、脚注和尾注

1．批注

批注是作者给文档添加的注释或解释。将鼠标指针移到有亮黄色底纹的文字上面，可查看批注。

（1）插入批注

将要添加批注的文本选中，单击"插入"菜单中的"批注"命令，在插入点出现批注标记，同时打开"批注"的注释窗格，在注释窗格中键入注释。输入完毕，单击"关闭"按钮。

（2）查看批注

查看批注只需将鼠标指针移至浅黄色底纹的文字上，在文字的上方会自动出现批注。

（3）编辑或删除批注

要对已有的批注进行编辑，可双击批注标记，在打开的批注窗格里对批注加以编辑。

如果要将已有的批注删除，用鼠标右键单击要删除批注的标记，单击快捷菜单中的"删除批注"命令即可。

2．脚注和尾注

脚注和尾注是用来解释、说明文本或提供对文档中文本的参考资料。在同一个文档中可同时包含脚注和尾注。例如，可用脚注作为详细说明而用尾注作为引用文献的来源。脚注出现在文档中每一项的末尾，尾注一般位于文档的末尾。

（1）插入脚注与尾注

单击注释参考标记的插入点，选择"插入"菜单中"引用"子菜单中的"脚注与尾注"命令，弹出如图1.21所示的"脚注和尾注"对话框中，单击"脚注"或"尾注"单选钮，选择插入脚注或尾注。在"编号方式"下拉列表中选择"自动编号"，脚注或尾注将依次编号标记；若要使用符号标记，选择"自定义标记"，然后单击"符号"按钮，选择适当的符号作为标记。单击"确定"按钮，在文档中插入脚注或尾注引用标记，同时打开一个注释窗格，在其中编辑注释内容。

（2）查看脚注和尾注

图1.21　"脚注和尾注"对话框

查看某个脚注或尾注的方法很简单，只要将鼠标放在注释参考标记上，注释文本将出现在标记上。

（3）删除脚注和尾注

删除某个脚注或尾注的方法是：选中文档中要删除的注释参考文本标记，然后按Delete键。

项目综合实训

一、实训素材

【样文1】

『学校简介』

➡通工校是一所省属【国家级重点】中等专业学校，全国职业教育先进单位，全国示范性计算机实训基地，江西绿化模范单位。 学校隶属于江西省农垦事业管理办公室，位于江西省永修县境内云居山南麓，105国道南浔路中段西侧，紧临昌九工业走廊，交通便利。云居山层峦迭嶂，云蒸霞蔚，有"冠世绝境，天上云居"之称。➘

【样文 2】

学校背倚青山，校园绿树成荫，花坛、草坪、水池错落有致，环境优美，是花园式学校。教学生活设施及实验实习场所配套齐全，宽带互联网的接入，把学校与外部世界融为一体，是莘莘学子理想的求学场所。

学校创办于 1958 年 8 月，当时的名称是江西共产主义劳动大学云山分校(简称共大云山分校)，属半工半读、勤工俭学　性质，隶属于江西省农林垦殖厅和江西省共产主义劳动大学总校双重领导。1980 年 8 月，经省政府批准，江西省共产主义劳动大学云山分校改制为江西省农垦学校。为省属全日制中等专业学校，隶属江西省农林垦殖厅领导。1998 年 5 月，经省政府批准，学校更名为通工校。

二、操作要求

① 新建文件：在 Word 2003 中新建一个文档，文件名为"A1.DOC"，保存到自己的文件夹中。

② 录入文本与符号：按照样文 1，录入所有的内容。

③ 复制与粘贴：将样文 2 中所有文字复制到所录入文档的文字之后。

④ 查找与替换：将文档中所有的"通工校"替换为"江西省通用技术工程学校"。

⑤ 插入日期和时间：在文档的后面插入系统当前的日期和时间。

⑥ 插入尾注：为"共大云山分校"插入尾注，尾注的内容是：云山共大分校是江西共产主义劳动大学的第一分校，也是规模最大的分校。

三、实训结果

【样文 3】

『学校简介』

➡江西省通用技术工程学校是一所省属【国家级重点】中等专业学校，全国职业教育先进单位，全国示范性计算机实训基地，江西绿化模范单位。学校隶属于江西省农垦事业管理办公室，位于江西省永修县境内云居山南麓，105 国道南浔路中段西侧，紧临昌九工业走廊，交通便利。云居山层峦迭嶂，云蒸霞蔚，有"冠世绝境，天上云居"之称。✈

学校背倚青山，校园绿树成荫，花坛、草坪、水池错落有致，环境优美，是花园式学校。教学生活设施及实验实习场所配套齐全，宽带互联网的接入，把学校与外部世界融为一体，是莘莘学子理想的求学场所。

学校创办于 1958 年 8 月，当时名称是江西共产主义劳动大学云山分校(简称共大云山分校)，属半工半读、勤工俭学的性质，隶属于江西省农林垦殖厅和江西省共产主义劳动大学总校双重领导。1980 年 8 月，经省政府批准，江西省共产主义劳动大学云山分校改制为江西省农垦学校。为省属全日制中等专业学校，隶属江西省农林垦殖厅领导。1998 年 5 月，经省政府批准，学校更名为江西省通用技术工程学校。

2012 年 6 月 17 日星期日 11 时 14 分 48 秒

云山共大分校是江西共产主义劳动大学的第一分校，也是规模最大的分校。

项目二　排版和打印

Word 2003 提供了强大的格式设置与排版功能，排版工作主要包括设置字符格式、设置段落格式和设置页面格式。编辑排版结束后，使用 Word 的打印功能可以将文档打印输出。

任务一　设置字符格式

在 Word 中，字符是作为文本输入的字母、汉字、数字、标点符号以及其他特殊符号等的总称。字符格式在 Word 中就是字符的外观，包括字体、字号、颜色、下画线、着重号、效果等，优美的字符格式起到规范、醒目的作用。

一般情况下，Word 用默认格式设置所输入字符的字体、字号及其他字体格式。如果需要设置新的字符格式，可以在录入文字之前选择新的格式以改变原来的格式设置，也可以在输入之后选定文本，然后设置新的格式。通常情况下，采用"先输入文本，后设置格式"的方法。

一、设置字体、字形和字号

1. 设置字体

Word 中的中文字体有楷体、方正舒体、黑体、隶书、仿宋、宋体等，系统默认的是宋体。英文字体的默认设置为 Times New Roman。

（1）利用"字体"列表框设置字体

① 选定要改变字体的文字，或将插入点光标移到新字体开始的位置。例如，选定"学校简介"。

② 单击"格式"工具栏中"字体"列表框右侧的箭头，打开"字体"下拉列表，如图 2.1 所示。如果所需的字体在列表上没有显示，可以拖动列表框右边的滚动块，寻找所需的字体。在列表框中单击所需的字体，如"黑体"，就可以把"学校简介"设置为黑体，如图 2.2 所示。

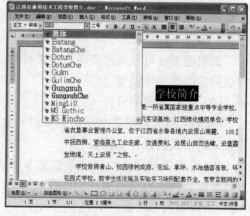

图 2.1　"字体"下拉列表

如果要改变英文的字体，可以选定英文文本，然后从"字体"下拉列表中选择英文字体。

（2）利用菜单命令设置字体

① 选定要改变字体的文本或将插入点光标移到新字体开始的位置。

② 单击"格式"菜单中的"字体"命令，打开"字体"对话框，如图 2.3 所示。

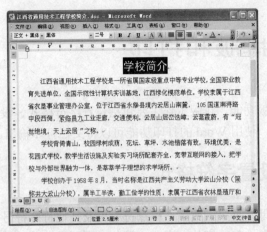

图 2.2 将选定的文本设置为"黑体"　　　　　　图 2.3 "字体"对话框

③ 在"中文字体"下拉列表中选择要设置的中文字体，在"西文字体"下拉列表中选择要设置的英文字体。

④ 单击"确定"按钮。

2．设置字形

字形包括常规、加粗、倾斜等，系统默认的字形为常规字形。

（1）字体加粗的设置

"加粗"格式就是对原有字体进行加粗处理。设置"加粗"格式的操作步骤如下。

① 选定要设置为加粗格式的文本，或将插入点光标移到加粗格式的开始位置。例如，选定"江西省通用技术工程学校"。

② 单击"格式"工具栏中的"加粗"按钮或按 Ctrl+B 组合键，则选定的文本被设置为加粗格式，如图 2.4 所示。

加粗设置还可以通过菜单命令来操作，操作方法同前面的字体设置。

（2）字体倾斜的设置

"倾斜"格式就是把文字向右倾斜一定角度。设置倾斜格式的操作步骤如下。

① 选定要设置为倾斜字形的文本，或将插入点光标移到倾斜格式的开始位置。例如，选定"是一所省属国家级重点中等专业学校"。

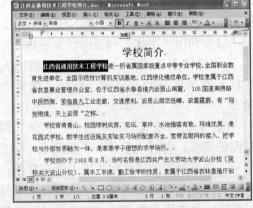

图 2.4 设置选定文本为加粗格式

② 单击"格式"工具栏中的"倾斜"按钮或按 Ctrl+I 组合键则选定的文本被设置为倾斜格式，如图 2.5 所示。

倾斜设置还可以通过菜单命令来操作，操作方法同前面的字体设置。

（3）加粗和倾斜的复合设置

"加粗"和"倾斜"的复合设置，是指同一文本可以同时设置为"加粗"和"倾斜"的两种格式，如图 2.6 中将"全国职业教育先进单位"设置为"加粗"和"倾斜"格式。

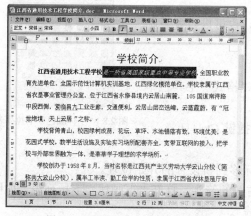
图 2.5　设置选定的文本为倾斜格式

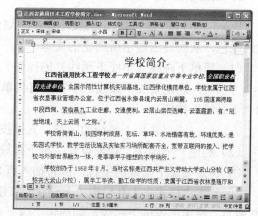
图 2.6　设置选定的文本为"加粗"和"倾斜"格式

3．设置字号

字号就是指文字的大小，放大文字可以使其突出于其他文本。Word 默认字号为五号。另外还有一种衡量字号的单位是"磅"，在这里"磅"是长度度量单位，而不是重量单位。1 磅相当于 1/72 英寸。"磅"与"号"两个单位之间有一定的转换关系，9 磅的字与小五号字大小相等。

改变字号的操作步骤如下。

① 选定要改变字号的字符，或将插入点光标移到新字号的位置。例如，选定"学校简介"。

② 单击"格式"工具栏中"字号"列表下拉框右边的向下箭头，打开"字号"下拉列表，选定所需的字号。例如，单击"小初"就将选定的文本设置为小初号字，如图 2.7 所示。

字号设置还可以通过菜单命令来操作，操作方法同前面的字体设置。

二、设置字符颜色、下画线

1．设置字符颜色

Word 2003 可以让文字以不同的颜色显示，起到突出显示的作用。

（1）选定要改变颜色的字符，或将插入点光标移到新设置的开始位置。

（2）单击"格式"工具栏中的"字体颜色"

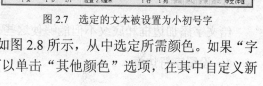
图 2.7　选定的文本被设置为小初号字

按钮右侧的箭头，打开"字体颜色"下拉列表，如图 2.8 所示，从中选定所需颜色。如果"字体颜色"下拉列表中提供的颜色不符合要求，可以单击"其他颜色"选项，在其中自定义新的颜色。

字符颜色设置还可以通过菜单命令来操作，操作方法同前面的字体设置。

2．设置字符下画线

Word 2003 既可以为选定的文本添加下划线，也可以设置下画线的颜色，从而突出显示所选定的文本。

图 2.8　"字体颜色"下拉列表

（1）简单下画线（单线下画线）的操作

方法一：选定要加下画线的字符，直接单击"格式"工具栏中的"下画线"按钮。

方法二：选定要加下画线的字符，直接按快捷键 Ctrl+U。

（2）利用"下画线"列表设置字符下画线

① 选定要加下画线的字符，或将插入点光标移到新设置的开始位置。

② 单击"格式"工具栏中"下画线"按钮右侧的箭头，打开"下画线"下拉列表，如图 2.9 所示，选定所需的下画线，如选定"虚下画线"。

③ 如果需要对下画线进行颜色的设置，可在"下画线"列表中选择"下画线颜色"选项，打开调色板，单击所需的颜色，如图 2.10 所示。

图 2.9　"下画线"下拉列表

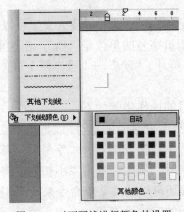

图 2.10　对下画线进行颜色的设置

（3）下画线类型选择

通过单击"格式"菜单中的字体命令，从"字体"对话框的"下画线"列表框中进行设置选择，可添加更为丰富的下画线类型。

（4）下画线的删除

选定已加下画线的字符，再次单击"格式"工具栏中的"下画线"按钮，可删除已有的下画线。

三、字符边框和底纹

给文字添加边框和底纹不但能够使这些文字更引人注目，而且可以使文档更美观。

1．设置字符边框

（1）简单字符边框的设置

选定需设置边框的字符，单击"格式"工具栏中的"字符边框"按钮即可。

（2）利用菜单命令设置字符边框

如果要对字符进行阴影、三维、彩色、自定义边框及对边框线型进行选择，可利用菜单命令来设置，操作步骤如下。

① 选定要设置边框的字符。例如，选定"全国示范性计算机实训基地"。

② 单击"格式"菜单中的"边框和底纹"命令，打开"边框和底纹"对话框的"边框"选项卡，如图 2.11 所示。

③ 从"设置"选项组中选择所需的边框样式。在"线型"列表框中选择所需的边框线型。"颜色"列表框用于给边框设置颜色，单击"颜色"列表框右侧的箭头，打开调色板，选择所需的颜色。"宽度"列表框用于设置边框线条的粗细，打开"宽度"下拉列表，可选择所需的线条宽度。

④ 在"应用于"下拉列表中选择"文字"选项。

⑤ 单击"确定"按钮关闭对话框，结果如图 2.12 所示。

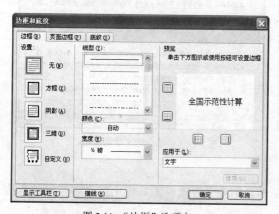

图 2.11 "边框"选项卡

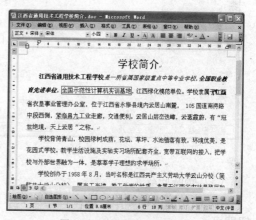

图 2.12 给选定的字符加边框

（3）删除字符边框

① 简单边框的删除：选定已添加边框的字符，单击"格式"工具栏上的"字符边框"按钮即可。

② 复杂边框的删除：选定已添加边框的字符，单击"格式"菜单中的"边框和底纹"命令，打开"边框和底纹"对话框的"边框"选项卡，在"设置"选项组中选择"无"边框选项，单击"确定"按钮。

技巧：选定已添加边框的字符，单击"格式"工具栏中的"边框和底纹"按钮，复杂边框变为简单边框，再次单击"边框和底纹"按钮，则简单边框删除。

2. 设置底纹

底纹的设置，对字符起到了衬托的作用，使字符更加突出醒目。

（1）简单底纹的设置

选定要添加底纹的字符，单击"格式"工具栏中的"字符底纹"按钮即可。

（2）复杂底纹的设置

① 选定要添加底纹的字符，如"江西绿化模范单位"。

② 单击"格式"菜单中的"边框和底纹"命令，打开"边框和底纹"对话框，选中"底纹"选项卡，如图 2.13 所示。

③ "填充"栏中列出了各种填充颜色，从中选择所需颜色。打开"样式"下拉列表，从中选择所需的图案。

④ 如果要填充其他颜色，单击"其他颜色"按钮，打开"颜色"对话框，从中选择所需的颜色。

⑤ 在"应用于"下拉列表中选择"文字"选项。

⑥ 单击"确定"按钮关闭对话框，结果如图 2.14 所示。

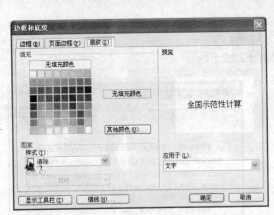

图 2.13 "底纹"选项卡

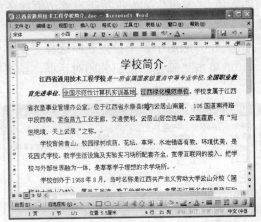

图 2.14 给选定的文字添加底纹

（3）删除底纹

① 简单底纹的删除：选定已添加底纹的文本，单击"格式"工具栏中的"字符底纹"按钮即可。

② 复杂底纹的删除：选定已添加底纹的文本，单击"格式"菜单中的"边框和底纹"命令，打开"边框和底纹"对话框，选中"底纹"选项卡，单击"填充"栏中"无填充颜色"选项即可删除已有底纹。

四、字符的其他格式

字符的格式除了以上几种主要格式外，还有字符间距、文字的动态效果、字符修饰、首字下沉、给文字加拼音等。

1. 字符间距

字符间距就是指相邻文字之间的距离。一般情况下，Word 已经设置了一定的字符间距。在特殊情况下要对字符间距进行调整，可按以下操作步骤进行。

① 选定要调整字符间距的文字或将插入点光标移到新设置的开始位置。

② 在"字体"对话框中，选中"字符间距"选项卡，如图 2.15 所示。

③ 根据需要进行设置并在预览框中查看效果。

● 缩放：设置字符的缩放比例，在 Word 中提供了从 33%～200%的比例供选择。

- 间距：设置字符间距，有"标准"、"加宽"、"紧缩"3个选项。当选择"加宽"或"紧缩"选项时，在"磅值"增量框中输入一个数值，则字符间距相应"加宽"或"紧缩"相应的值。
- 为字体调整字符间距：选中该复选框可以让 Word 在大于或等于某一尺寸的条件下自动调整字符间距。
- 位置：有"标准"、"提升"、"降低"3个选项。"提升"和"降低"两个选项可以设置选中字符在所在行中升高可降低的距离。

④ 单击"确定"按钮关闭对话框，字符间距设置如图 2.16 所示。

图 2.15 "字符间距"选项卡

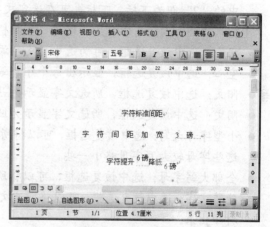

图 2.16 字符间距的设置

2．字符动态效果的设置

字符动态效果的设置可以使字符突出显示，更加引人注目。在打印文档时，动态效果不能打印出来。

设置动态效果的操作步骤如下。

① 选定要设置动态效果的文字或将插入点光标移到新设置的开始位置。

② 在"字体"对话框中，选中"文字效果"选项卡，如图 2.17 所示，在动态效果列表框中选择所需要的动态效果。要撤销以前设置的动态效果，可选择"（无）"。

③ 单击"确定"按钮，关闭对话框。

3．字符修饰效果的设置

在 Word 中可以对字符进行修饰，如设置为空心字、阴文、阳文、阴影等，还可以对文字进行上标、下标等特殊效果的设置。其操作方法如下。

① 选定要设置修饰效果的字符。

② 选择"格式"菜单中的"字体"命令，打开"字体"对话框（见图 2.3）。

图 2.17 "文字效果"选项卡

③ 在"字体"选项卡的"效果"栏中，选择所需的效果选项，如删除线、双删除线、上标、下标、阴影、空心、阳文、阴文、小型大写字母、全部大写字母、隐藏文字等。在"预览"框中，可以看到相应的字符效果。

● 删除线：选中该复选框，可以在选定的文本中间画一水平线。

● 双删除线：选中该复选框，可以在选定的文本中间画两条水平线。

● 上标：选中该复选框，可以将选定的文本变小并提高到标准行的上方。例如，X^2 中的"2"即为上标。上标也可在选定文字后使用 Ctrl+Shift+"+"来完成。

● 下标：选中该复选框，可以将选定的文本变小并降低到标准行的下方。例如，H_2O中的"2"即为下标。下标也可在选定文字后使用 Ctrl+"+"来完成。

"上标"、"下标"还可以利用"格式"工具栏中的快捷按钮来完成。

● 阴影：选中该复选框，可为选中的文字添加阴影，阴影位于文字的下方偏右。

● 空心：选中该复选框，显示出每个字符笔画边线，文字被设置为空心效果。

● 阳文：选中该复选框，所选文字显示为凸出于纸面的浮雕效果。

● 阴文：选中该复选框，所选文字显示为凹陷于纸面的刻入效果。

● 小型字母大写：选中该复选框，可以将所选的英文字母变成小型的英文大写字母，即这些字母较大写字母略小一些。

● 全部大写字母：选中该复选框，可以将所选的英文字母全部改写为大写字母。

● 隐藏文字：选中该复选框，可以将所选文字变为隐藏文字，打印时，隐藏文字不会被打印出来。

④ 单击"确定"按钮关闭对话框，字符修饰效果的设置如图 2.18 所示。

4. 首字下沉的设置

首字下沉在报纸上经常可见。为了强调段落或章节的开头，把第一个字符放大以引起人们的注意，这种效果称为首字下沉。设置首字下沉的操作步骤如下。

① 将插入点光标移到要设置首字下沉的段落中。

② 单击"格式"菜单中的"首字下沉"命令，打开"首字下沉"对话框，如图 2.19 所示。

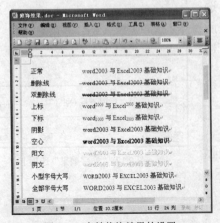

图 2.18 字符修饰效果的设置

图 2.19 "首字下沉"对话框

③ 在"位置"栏中，根据需要选择"下沉"或"悬挂"选项，如要撤销以前设置的首字下沉，可选择"无"选项。

④ 在"选项"栏的"字体"下拉列表中设置好下沉字符的字体，在"下沉行数"数值框中指定首字的高度占多少行，在"距正文"数值框中指定首字与段落中其他文字之间的距离。

⑤ 单击"确定"按钮关闭对话框，设置效果如图 2.20 所示，第一段被设置为"悬挂"，第二段被设置为"下沉"。

5. 给中文字符添加拼音的设置

① 选定要添加拼音的文字。

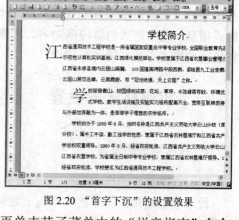

图 2.20 "首字下沉"的设置效果

② 单击"格式"菜单中的"中文版式"命令，再单击其子菜单中的"拼音指南"命令，打开"拼音指南"对话框，如图 2.21 所示。

③ 在"基准文字"栏中显示刚才所选定的文字，在"拼音文字"栏中将显示与每个文字对应的拼音，拼音后面的数字是该字的汉语拼音声调。

④ 在"对齐方式"、"字体"和"字号"下拉列表中选定所需的对齐方式、字体和字号。在"预览"框中观察效果。

⑤ 单击"确定"按钮关闭对话框，设置效果如图 2.22 所示。

取消拼音的方法：选定已添加拼音的字符，单击"拼音指南"对话框中的"全部删除"按钮，即可取消拼音。

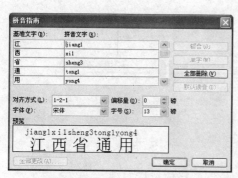

图 2.21 "拼音指南"对话框

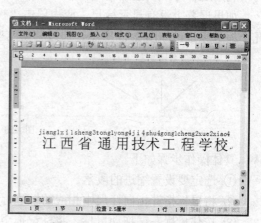

图 2.22 为选定的中文字符加拼音

任务二 设置段落格式

在 Word 中，可以用系统默认或预定的格式对文章进行自动排版，录入正文时自左边界到右边界，到达右边界后自动换行，继续下一行的录入，也可以根据需要设置段落格式。

段落是指带有段落标记的一些文字和图形，每段后面跟着一个段落标识符。Word 把含段落标记的空行也看做是一个段，按一下 Enter 键，将插入一个段落标识符，表示要开始一个新的段落，同时 Word 将复制前一段的段落标记及其中所包含的格式信息，段落标记是不可打印字符。如果删除、复制或者移动一个段落标记也就相应地删除、复制或者移动了段落的格式信息。段落格式包括段落对齐、段落缩进、行间距、段间距、边框和底纹等内容。Word 将段落的格式存放在段落标记中。

一、段落格式的设置

1. 段落缩进的设置

（1）段落缩进的概念

段落缩进是指段落中的文本与页边距之间的距离。设置段落缩进的目的是使段与段之间有明显的分隔标志，使文档更加清晰、易读。段落缩进包括以下 4 种。

① 首行缩进：指将段落的第一行从左向右缩进一定的距离，而首行以外的各行都保持不变。

② 悬挂缩进：与首行缩进相反，首行文本不加改变，而除首行以外的各行都向右缩进一定的距离。

③ 左缩进：指文档中某段的左边界相对其他段落向右偏移一定的距离。

④ 右缩进：指文档中某段的右边界相对其他段落向左偏移一定的距离。

（2）利用标尺快速设置段落缩进

利用这种方式设置缩进的优点是快速，缺点是只能进行粗略的设置，不够精确。

如果屏幕上没有显示标尺，应先单击"视图"菜单中的"标尺"命令。在水平标尺上有几个缩进标记，如图 2.23 所示，通过移动这些标记即可改变插入点所在段落的缩进方式。

图 2.23　水平标尺

具体操作步骤如下。

① 选定要设置缩进的段落。

② 将鼠标指针指向标尺中相应的缩进标记上。

③ 按住鼠标左键拖动鼠标，将标记拖至所需的位置，释放鼠标左键。

例如：使用"标尺"设置悬挂缩进 1 厘米。

① 选定要设置缩进的段落，如果只设置一个段落，可以只把插入点光标移到需设置的段落中。例如，将插入点光标移到第一段中。

② 将鼠标指针指向水平标尺的悬挂缩进的标记上，按住鼠标左键拖动至标尺中标有"1"的位置。

③ 松开鼠标左键，结果如图 2.24 所示。

（3）利用"段落"对话框精确设置段落缩进

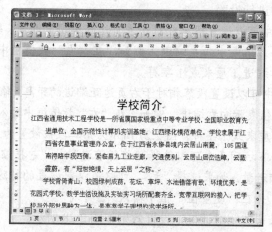

图 2.24 利用标尺设置第一段为悬挂缩进

　　利用"标尺"只能粗略地设置缩进，如要精确地设置缩进值，可使用"段落"对话框来实现。

　　缩进单位有"厘米"和"字符"两种格式，在 Word 中可根据需要选择其中的一种作为度量值单位，其操作步骤如下。

　　① 单击"工具"菜单中的"选项"命令，打开"选项"对话框，选中"常规"选项卡，如图 2.25 所示。

　　② 如果要设置度量单位为"字符"，可选中"使用字符单位"复选框；如果设置度量单位为"厘米"则不选"使用字符单位"或将已选的"使用字符单位"删除。

　　③ 单击"确定"按钮。

　　段落缩进的操作步骤如下。

　　① 选定要设置缩进的段落，如果只设置一个段落，可以把插入点光标移到该段落中。例如，将插入点光标移到第二段中。

　　② 单击"格式"菜单中的"段落"命令，打开"段落"对话框中的"缩进和间距"选项卡，如图 2.26 所示。

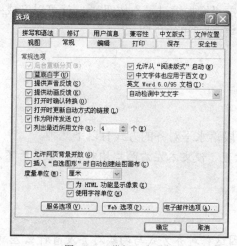

图 2.25 "常规"选项卡

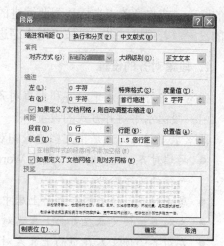

图 2.26 "缩进和间距"选项卡

③ 在"缩进"栏中进行设置。

● 在"左"数值框中可以设置段落相对于左页边距缩进的距离。输入一个正值表示向右缩进，输入一个负值表示向左缩进。例如，在"左"数值框中输入"1 厘米"或"1 字符"表示向右缩进 1 厘米或 1 字符。

● 在"右"数值框中可以设置段落相对于右页边距缩进的距离。输入一个正值表示向左缩进，输入一个负值表示向右缩进。例如，在"右"数值框中输入"1 厘米"或"1 字符"表示向左缩进 1 厘米或 1 字符。图 2.27 所示为第二段被设置为左、右各缩进 2 字符。

● 在"特殊格式"下拉列表中可以选择"首行缩进"或"悬挂缩进"，然后在"度量值"数值框中输入缩进量。如果选择"无"，可取消以前设置的特殊格式。例如，选择"首行缩进"选项，并在"度量值"框中输入"2 字符"。

④ 单击"确定"按钮关闭对话框，设置效果如图 2.28 所示。

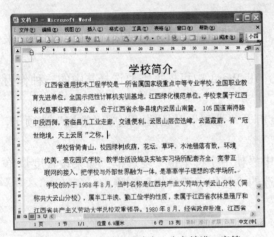

图 2.27 第二段被设置为左、右各缩进 2 字符

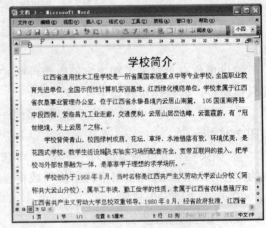

图 2.28 设置第二段为首行缩进 2 字符

（4）利用缩进按钮设置缩进

在"格式"工具栏中有"减少缩进量"按钮 和"增加缩进量"按钮 ，利用缩进按钮，可进行左缩进的操作，但不能进行首行缩进、悬挂缩进和右缩进的操作。设置时，选定要缩进的段落，或将插入点光标移到要缩进的段落，单击"增加缩进量"按钮 ，就可以完成缩进的设置，若缩进过多，可按"减少缩进量"按钮 到理想的位置。

2．段落对齐的设置

段落对齐方式有水平对齐和垂直对齐两种。

（1）段落水平对齐方式的设置

段落水平对齐方式是指文档边缘的对齐方式。段落水平对齐的方式有以下几种。

● 两端对齐：这种对齐方式是 Word 的默认设置，使文本左右两端均对齐，但最后不满一行的文字除外。

● 居中对齐：使文本在页面上居中排列。

● 右对齐：使文本在页面上靠右对齐排列。

● 左对齐：使文本在页面上靠左对齐排列。因这种对齐方式与两端对齐没有什么差别，所以在中文排版上很少用到，但在英文段落中左对齐与两端对齐有很大的差别。

● 分散对齐：使文本两端撑满，均匀分布对齐。

利用工具按钮可设置两端对齐、居中对齐、分散对齐和右对齐，不能设置左对齐，因为工具栏中没有左对齐的按钮。

① 选定要设置对齐方式的段落或将插入点光标移到该段落中。

② 根据需要单击"格式"工具栏中的对齐格式按钮。图2.29所示为设置的各种对齐方式。

利用快捷键设置段落水平对齐方式如下。

① 选定要设置对齐方式的段落或将插入点光标移到该段落中。

② 根据需要按相应的快捷键。

● 居中对齐：Ctrl+E。

● 右对齐：Ctrl+R。

● 左对齐：Ctrl+L。

● 分散对齐：Ctrl+Shift+D。

● 两端对齐：Ctrl+J。

（2）段落垂直对齐方式的设置

段落垂直对齐是指在同一段文字中使用了不同的字号时，可以将这些文字设置出不同的垂直对齐方式，从而产生特殊的效果。

● 顶端对齐：段落各行的中英文字符顶端对齐中文字符顶端。

● 中间对齐：段落各行的中英文字符中线对齐中文字符中线。

● 基线对齐：段落各行的中英文字符中线稍高于中文字符中线，以适合中文出版的规定。

● 底端对齐：段落各行的中英文字符底端对齐中文字符底端。

● 自动：自动调整字体的对齐方式。

① 将插入点光标移到要设置垂直对齐方式的段落中。

② 单击"格式"菜单中的"段落"命令，打开"段落"对话框，选中"中文版式"选项卡，如图2.30所示。

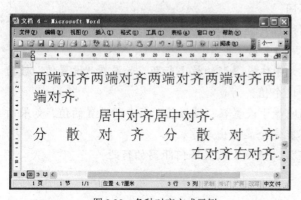

图2.29　各种对齐方式示例

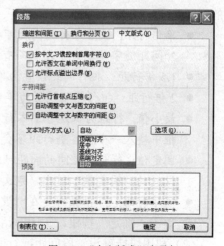

图2.30　"中文版式"选项卡

③ 在"文字对齐方式"列表框中，选择所需要的对齐方式。

④ 单击"确定"按钮关闭对话框，设置结果如图 2.31 所示。

3．段间距与行间距的设置

段间距是指段落与段落之间的距离。行间距是指段落中行与行之间的距离。

（1）利用"段落"对话框设置段间距和行间距

① 选定要调整间距的段落，或将插入点光标移到要调整间距的某一个段落。

② 单击"格式"菜单中的"段落"命令，打开"段落"对话框，选中"缩进与间距"选项卡。

③ 在"间距"栏中的"段前"和"段后"数值框中输入所选段落与前一段落或后一段落的距离值。如果采用的度量单位是"字符"，则间距的距离单位为"行"；如果采用的度量单位是"厘米"，则间距的距离单位为"磅"。两种度量单位，可通过"工具"菜单命令的"选项"对话框中的"常规"选项卡来转换，如图 2.32 所示。

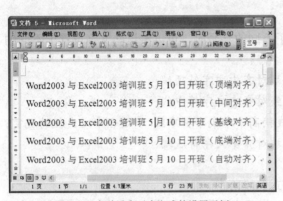

图 2.31　各种垂直对齐方式的设置示例

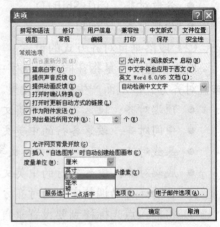

图 2.32　段间距与行间距的设置

④ 单击"行距"列表框右侧的向下箭头，打开"行距"下拉列表，在列表框中选择所需的行距选项：

- 单倍行距：设置每行的高度可以容纳该行的最大字体，再加上少量间距，其所加的额外间距随字体的大小不同而有所不同。
- 1.5 倍行距：把行间距设置为单倍行距的 1.5 倍。
- 2 倍行距：把行间距设置为单倍行距的 2 倍。
- 最小值：行距为仅能容纳本行中最大字体或图形的最小行距。如果在"设置值"数值框中输入一个值，则行距不会小于这个值。
- 固定值：行与行之间的间距可精确地等于设置在"设置值"框中所设置的值。如果所设置的"固定值"过小，则文本不能完全显示出来。
- 多倍行距：可根据需要在"设置值"数值框中设置任何距离的行距。

⑤ 单击"确定"按钮，关闭对话框。

（2）利用快捷键设置段间距或行间距

① 选定需要设置行距的文本。

② 根据需要进行以下操作：

按下 Ctrl+1 组合键可将行距设置为单倍行距；

按下 Ctrl+2 组合键可将行距设置为 2 倍行距；

按下 Ctrl+5 组合键可将行距设置为 1.5 倍行距。

③ 设置段间距可按组合键 Ctrl+0，则在当前段落前增加或删除一行的间距。快捷键不能调整段后的间距和精确的段间距。

二、边框和底纹

在本章第一节中介绍的为字符添加边框和底纹的方法，同样适合于为段落添加边框和底纹，只需将对话框中的"应用范围"设置为"段落"即可。段落边框与字符边框不同的是：字符边框必须为四周全部加上边框，而段落边框则可以给指定的某一条或某几条边添加边框。

给文档的第二段上、下、右三边添加中间加粗的三线边框示例：

① 将插入点光标移到文档的第二段中。

② 单击"格式"菜单中的"边框和底纹"命令，打开"边框和底纹"对话框，如图 2.33 所示。

③ 在"线型"列表框中选择"加粗三线"，在"宽度"下拉列表中选择"3 磅"。

④ 在"应用范围"下拉列表中选择"段落"选项。

⑤ 在"预览"栏中分别单击上、下、右边框按钮。

⑥ 单击"确定"按钮，设置结果如图 2.34 所示。

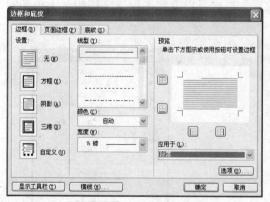

图 2.33　"边框和底纹"对话框

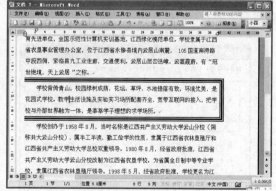

图 2.34　给选定的段落设置边框

三、项目符号和编号

使用 Word 2003 可以快速地为文档添加项目符号或编号，从而使文档更便于阅读和理解，也可以创建多级列表，既包含数字也包含项目符号的列表。不可以在已编号的列表中添加、删除或重排列表项目。

1．使用"格式"工具的按钮添加项目符号或编号

① 选定要添加项目符号或编号的文本。

② 单击"格式"工具栏中的"编号"按钮 ，可为文本添加编号。单击"格式"工具栏中的"项目编号"按钮 ，可为文本添加项目符号。

③ 项目符号和编号之间如果需要转换，只需在选定要修改的文本后，单击"格式"工具栏中的"编号"按钮或"项目符号"按钮即可。

2．使用"格式"菜单中的"项目符号和编号"命令添加或更改项目符号

使用"格式"工具栏中的按钮只能设置简单的项目符号，如果要设置特殊形式的项目符号，或更改已设置的项目符号，可以利用"格式"菜单中的"项目符号和编号"命令来完成。

① 选定要设置或要更改项目符号的文本。

② 单击"格式"菜单中的"项目符号和编号"命令，打开"项目符号和编号"对话框，选中"项目符号"选项卡，如图 2.35 所示。

③ 选择所需的符号。

④ 如果没有所需的符号，可先选中一种项目符号，然后单击"自定义"按钮，打开"自定义项目符号列表"对话框，如图 2.36 所示。

⑤ 如果"自定义项目符号列表"提供的符号仍不能满足需要，可单击"字符"按钮，打开如图 2.37 所示的"符号"对话框，选择所需的符号。单击"确定"按钮，返回"自定义项目符号列表"对话框。

⑥ 单击"字体"按钮，可设置符号的大小、颜色等。通过"项目符号位置"栏，可以任意设置项目符号在文本中的位置；通过"文字位置"栏，可以方便地设置文字相对于正文的缩进量。

图 2.35 "项目符号"选项卡

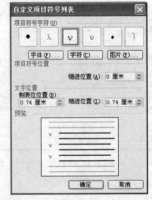

图 2.36 "自定义项目符号列表"对话框

⑦ 单击"确定"按钮，关闭对话框。图 2.38 所示为给选定的文本添加的项目符号。

3．使用"格式"菜单中的"项目符号和编号"命令添加或更改编号

使用"格式"工具栏中的按钮只能设置简单的编号，如果要设置特殊形式编号，或更改已设置的编号，可以利用"格式"菜单中的"项目符号和编号"命令来完成。

① 选定要添加编号或更改编号的文本段落。

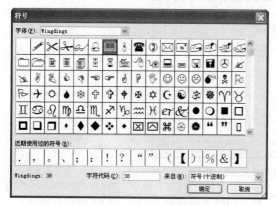

图 2.37 "符号"对话框

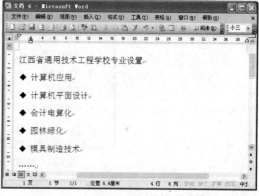

图 2.38 为选定的文本添加项目符号

② 单击"格式"菜单中的"项目符号和编号"命令，打开"项目符号和编号"对话框，选中"编号"选项卡，如图 2.39 所示。

③ 在"编号"选项卡中提供了 8 种编号方式，单击所需的编号格式即可。

④ 如果列表框中没有所需的编号，可先单击任一种编号，然后单击"自定义"按钮，打开"自定义多级符号列表"对话框，如图 2.40 所示。

⑤ 在"编号格式"文本框中，按需要修改编号的格式。例如，"{A}"表示在编号的左右分别加"{"和"}"，单击"字体"按钮可设置编号的字体大小、颜色等。单击"编号样式"可选择所需的编号样式，如"1，2，3……"、"一、二、三……"等。如果不是从 1 开始，则可以在"起始编号"数值框中输入新的起始编号。通过对"编号位置"的设置，可调整编号的对齐方式和相对于正文的位置。通过"文字位置"栏可设置输入编号相对于正文的距离。

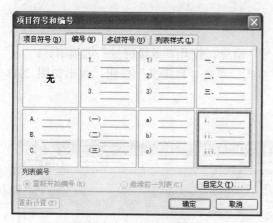

图 2.39 "编号"选项卡

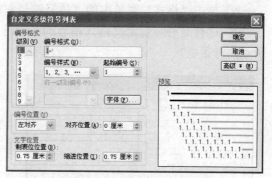

图 2.40 "自定义多级符号列表"对话框

⑥ 单击"确定"按钮，关闭对话框。图 2.41 所示为给选定的文本设置了自动编号。

如果文档中有多组编号，可以设置它们的相互联系，也可以设置它们互不相干。

在"编号"选项卡底部有两个选项："重新开始编号"、"继续前一列表"。"重新开始编号"表示重新开始编号，与前一组没有联系；"继续前一列表"表示延续前一组的编号。

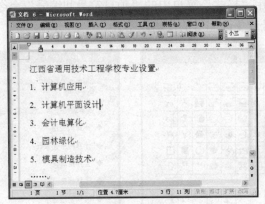

图 2.41　给选定的文本设置了自动编号

4．创建多级列表

多级列表中每段的项目符号或编号根据缩进的范围发生变化，最多可生成 9 个层级的列表。

① 单击"格式"菜单中的"项目符号和编号"命令，打开"项目符号和编号"对话框，选中"多级符号"选项卡，如图 2.42 所示。

② 单击所需的列表格式。

③ 单击"确定"按钮，返回文档。

④ 键入列表项。每键入一项后按回车键。

⑤ 要将多级符号列表项移到合适的编号级别中，应单击该项目的任意一处，再单击"格式"工具栏中的"增加缩进量"按钮或者"减少缩进量"按钮。

5．自定义多级列表

① 选定要自定义格式的多级列表。

② 单击"格式"菜单中的"项目符号和编号"命令，打开"多级符号"选项卡。

③ 选择一种与自定义格式相近的多级符号格式，单击"自定义"按钮，弹出如图 2.43 所示的对话框。

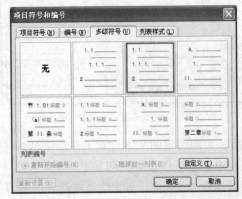

图 2.42　"多级符号"选项卡

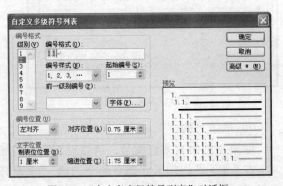

图 2.43　"自定义多级符号列表"对话框

④ 在"级别"列表框中，选择自定义的列表级别；在"编号格式"文本框中，确定编号或项目符号及其前后紧接的文字；在"编号样式"下拉列表中选择列表要使用的项目符号或编号样式；在"起始编号"数值框中，键入列表的起始编号；在"编号位置"下拉列表中确定编号或项目符号的对齐方式及相对页边距的位置；在"文字位置"数值框中，确定本级列表文字与编号的距离。

⑤ 要修改其他级别，可重复第④步的操作。

⑥ 单击"确定"按钮，关闭对话框。图 2.44 所示为设置多级列表示例。

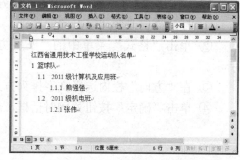

图 2.44　设置多级列表示例

四、格式刷

在文档中有许多相同的字符和段落设置，对每处都重复设置，不仅烦琐，而且容易造成错误。利用常用工具栏中的"格式刷"可以快捷、方便地将选定对象或文本的格式（字符格式、段落格式）复制给其他的文本。格式刷是统一格式化文档，提高文档编辑效率的一个非常方便的工具。

1．利用常用工具栏中的"格式刷"按钮

① 选定已设置所需格式的字符或段落。

② 单击常用工具栏中的"格式刷"按钮，鼠标指针变为 形状。

③ 按住鼠标左键，拖动鼠标经过要进行格式设置的字符或段落，松开鼠标左键，完成设置。

④ 双击常用工具栏的"格式刷"按钮，鼠标指针变为 形状，可不断重复操作第（3）步，完成对不同位置的字符或段落进行设置。

⑤ 如果按第④步操作，则需再次单击常用工具栏中的"格式刷"按钮，才能撤销格式刷。

2．利用快捷键

① 选定已设置所需格式的字符或段落。

② 按 Ctrl+Shift+C 组合键。

③ 选定要进行格式设置的字符或段落。

④ 按 Ctrl+Shift+V 组合键完成设置。

五、特殊排版

1．竖排

中国传统的书籍排版方式为从右至左竖排，现在一般情况下都是从左至右横排，但有时由于一些特殊的原因，需要使用竖排的方式。

（1）利用常用工具栏中的"更改文字方向"按钮设置竖排

① 打开需要竖排的文本。

② 单击常用工具栏中的"更改文字方向"按钮。

利用常用工具栏的"更改文字方向"按钮设置竖排，只能设置一种竖排方式。如果要设置一些特殊的竖排方式，可利用"格式"菜单中的"文字方向"命令进行设置。

（2）利用"格式"菜单中的"文字方向"命令设置竖排

① 打开需要改变文字方向的文档。

② 单击"格式"菜单中的"文字方向"命令，打开"文字方向"对话框，如图 2.45 所示。

③ 在"方向"栏内选择文字排列方式，在"预览"区内查看设置的效果。

④ 单击"确定"按钮关闭对话框，设置结果如图 2.46 所示。

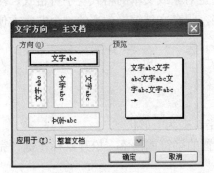

图 2.45 "文字方向"对话框

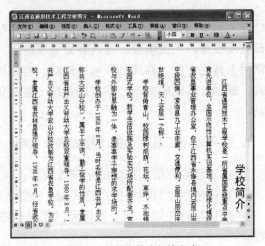

图 2.46 设置文档为竖排方式

2．段落版式的设置

在中、英文混合输入的情况下，文档中往往会出现参差不齐的现象。在默认情况下，Word 不允许西文（英文）单词在中间断开的，这就很可能会导致因为行尾已经写不下一个单词，所以提前换行，也就造成了行尾不整齐的现象。如果要严格对齐文本，可通过对段落版式的设置来达到。

① 将插入点光标移到要设置的段落，或选定要设置的多个段落。

② 单击"格式"菜单中的"段落"命令，打开"段落"对话框，选中"中文版式"选项卡，如图 2.47 所示。

③ 根据需要进行以下设置。

● 按中文习惯控制首尾字符：可以防止不宜出现在行首的标点符号出现在行首，如"、"、"，"、"。"、"）"等；同样可以防止不宜出现在行尾的标点符号出现在行尾，如"（"、"《"、"{"等。如果要改变需控制的首尾字符，可单击"选项"按钮，打开如图 2.48 所示的对话框，在其中进行设置即可。

● 允许西文在单词中部换行：根据页面设置、单词长度以及字的方式等有关因素，自动设置换行的位置。

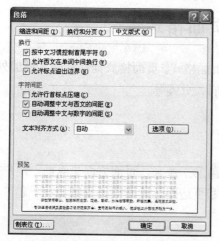

图 2.47 "中文版式"选项卡

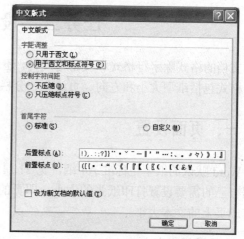

图 2.48 "中文版式"对话框

- 允许标点溢出边界：当行尾为标点符号时，可使标点符号挤出行尾边界。
- 允许行首标点压缩：当行首为全角的前置标点时，可自动调整为半角的前置标点符号。
- 自动调整中文与西文的间距：可自动加宽中文字符与西文单词间的间距，不必使用空格来加宽它们之间的间距。
- 自动调整中文与数字的间距：可自动加宽中文字符与半角数字字符间的间距，不必使用空格来加宽它们之间的间距。

④ 单击"确定"按钮，关闭对话框。

3．换行与分页

在排版时，有时会遇到这样的问题：一个段落的第一行排在前一页的底部，或者是一个段落的最后一行排在下一页的顶部，这给阅读带来不便。Word 提供了解决这个问题的办法。

① 选定要调整的段落，或将插入点光标移到要调整的段落内。

② 单击"格式"菜单中的"段落"命令，打开"段落"对话框。单击"换行与分页"选项卡，如图 2.49 所示。

③ 根据需要进行如下设置。

- 孤行控制：可防止段落的第一行出现在页面底部或段落的最后一行出现在页面的顶部。
- 段中不分页：可防止在段中分页。
- 段前分页：可使分页符出现在选定的段落之前。
- 与下段同页可防止所选段落与后一个段落之间出现分页符。
- 取消行号：可取消选定段落中的行编号。
- 取消断字：可取消段落中自动断字的功能。

④ 单击"确定"按钮关闭对话框，完成设置。

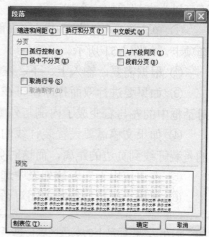

图 2.49 "换行与分页"选项卡

任务三 设置页面格式

文档的格式除字符格式和段落格式外，还包含页面格式。页面格式同样影响文档的外观。页面格式包括纸型大小和方向、页边距、分栏、页眉、页脚等。

一、页面设置

Word 默认的纸型是标准 A4 纸，宽 21 厘米，高 29.7 厘米，页面方向为纵向。用户可以根据自己的需要设置打印纸张的大小，即页的尺寸和页边距。这两项设置结合在一起，可控制打印页上的文本大小。

1. 设置纸张大小

① 单击"文件"菜单中的"页面设置"命令，打开"页面设置"对话框，单击"纸张"选项卡，如图 2.50 所示。

② 从"纸张大小"下拉列表表中选择纸张的大小。如果是自定义纸张大小，则需要分别在"宽度"和"高度"数值框中输入纸张的尺寸。

③ 在"应用于"下拉列表中选择文档的范围。

④ 单击"确定"按钮关闭对话框，完成纸张大小的设置。

2. 页边距的设置

页边距指文本与纸张边缘的距离。默认的左、右页边距为 3.17 厘米，上、下页边距为 2.54 厘米，无装订线。用户可根据需要缩短或增大页边距，为了便于装订，还可以为文档增加一个装订区。

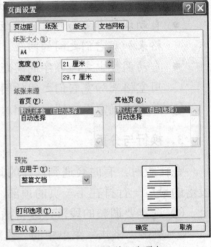

图 2.50 "纸型"选项卡

① 单击"文件"菜单中的"页面设置"命令，打开"页面设置"对话框，单击"页边距"选项卡，如图 2.51 所示。

② 根据需要，输入上、下、左、右 4 个数值框中的数值设置页边距。

③ 如果要进行双面打印，可在"多页"下拉列表中选择"对称页边距"选项，选中后，对话框中的左与右变成了内侧与外侧，该选项使对开页的页边空白相互对称。

④ 如果文稿需要设置装订线的位置，可选择装订线的位置。装订线数值框中的数值表示的是装订线到页边的距离，而这时页边距表示的就是装订线到正文边框的距离。

⑤ 在"应用于"下拉列表中选择文档的范围。

⑥ 单击"确定"按钮关闭对话框，完成页边距的设置。

☎ 提示：双击标尺上的灰色区域，也可以打开"页面设置"对话框。

3．页面边框的设置

① 将插入点光标移到要设置边框的页面内。

② 单击"格式"菜单中的"边框与底纹"命令，打开"边框与底纹"对话框，选中"页面边框"选项卡，如图 2.52 所示。

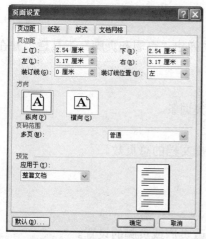

图 2.51　"页边距"选项卡　　　　　图 2.52　"页面边框"选项卡

③ 在"设置"区中选择一种边框样式，也可以"自定义"边框的样式，并在"预览"框中单击要添加的边框位置。

④ 单击"艺术型"列表框右边的下拉箭头，可从下拉列表中选择一种艺术型边框。

⑤ 如果需要边框出现的特定的页面或节，可在"应用于"列表框中选择边框应用的范围。可选择"整篇文档"、"本节"、"本节-除首页外所有的页"、"本节-只有首页"选项。

⑥ 如果要指定边框在文档中精确的位置，可单击"选项"按钮，打开"边框和底纹选项"对话框，如图 2.53 所示。利用该对话框可精确地设置边框与页面边缘的距离，并确定是否将页眉、页脚包含在边框内。

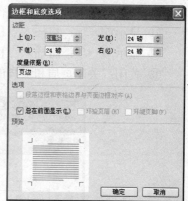

图 2.53　"边框和底纹选项"对话框

⑦ 单击"确定"按钮，返回"边框与底纹"对话框。

⑧ 单击"确定"按钮关闭对话框，完成页面边框的设置。

二、页眉和页脚的创建

页眉或页脚通常包含单位徽标、书名、章节名、页码、日期等信息文字或图形，页眉打印在顶边上，而页脚打印在底边上。精心地设置页眉和页脚可以使版面更新颖、更具风格，在文档中可自始至终用同一个页眉或页脚，也可在文档的不同部分用不同的页眉和页脚。例如，第一页的页眉用徽标，而在以后的页面中用文档名做页眉。

- 在普通视图中，不能显示页眉和页脚。因此，要想查看页眉和页脚可使用打印预览、页面设置、页眉和页脚命令或将文档打印出来。
- 单击"视图"菜单中的"页眉和页脚"命令，Word 会自动转换到页面视图方式。
- 编辑页眉和页脚应在页面视图中进行。
- 退出页眉和页脚的设置，页眉和页脚的内容是灰色的，但不影响打印效果。

1．页眉和页脚工具栏及各按钮的功能

单击"视图"菜单中的"页眉和页脚"命令，将自动弹出"页眉和页脚"工具栏，并在文档顶部显示页眉区方框如图 2.54 和图 2.55 所示。

"页眉和页脚"工具栏中各按钮的功能如下。

① 插入自动图文集：在页眉或页脚中插入自动图文集词条。

② 插入页码：在页眉或页脚中插入自动更新的页码。

③ 插入页数：在页眉或页脚中插入页数，以便打印出文档的总页数。

④ 页码格式：设置页码的格式。

⑤ 插入日期：在页眉或页脚中插入当前的日期。

⑥ 插入时间：在页眉或页脚中插入当前的时间。

⑦ 页面设置：可打开"页面设置"对话框，以便修改页眉或页脚的设置。

⑧ 显示、隐藏文档文字：在编辑页眉或页脚时，显示或隐藏文档文字。

⑨ 同前：控制当前节的页眉或页脚是否要与前一节相同。

⑩ 在页眉和页脚间切换：在页眉和页脚间切换位置。

⑪ 显示前一项：将插入点移到上一页眉或页脚。

⑫ 显示下一项：将插入点移到下一页眉或页脚。

⑬ 关闭：关闭页眉和页脚的编辑，恢复对文档正文的编辑。

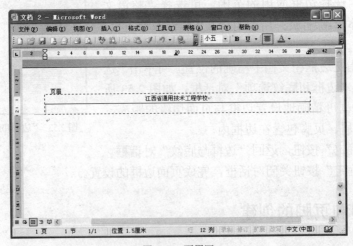

图 2.54　页眉区

图 2.55　"页眉和页脚"工具栏

2. 创建页眉或页脚

① 单击"视图"菜单中的"页眉和页脚"命令。

② 要创建一个页眉，可在页眉区输入文字或图形，也可单击"页眉和页脚"工具栏上的按钮插入页数、页码、时间、自动图文集、日期等。

③ 要创建一个页脚，可单击"在页眉和页脚间切换"按钮，将插入点光标移到页脚区重复第②步进行编辑。

④ 单击"关闭"按钮，返回文档。

3. 创建奇偶页不同的页眉和页脚

在某一页设置了页眉和页脚后，观察文档可以发现，相同的页眉和页脚却显示在文档的每一页。如果编辑文档时，要求奇数页与偶数页具有不同的页眉或页脚，这时可执行以下操作。

① 单击"视图"菜单中的"页眉和页脚"命令。

② 单击"页眉和页脚"工具栏上的"页面设置"按钮。

③ 单击"版式"选项卡，如图 2.56 所示。

④ 选中"奇偶页不同"复选框，然后单击"确定"按钮，在"应用于"下拉列表中选定范围。

⑤ 将插入点光标分别移到偶页页眉区、偶页页脚区和奇数页页眉区、奇数页页脚区进行设置。

⑥ 单击"页眉和页脚"工具栏中的"关闭"按钮，返回主文档。

4. 创建文档不同部分的不同页眉或页脚

Word 允许将文档分为若干节，每一节可以设置不同的页面格式，如不同的页眉、页脚、页码格式等。为文档的不同部分建立不同的页眉或页脚，只需将文档分成若干节，然后断开当前节和前一节页眉或页脚间的连接。

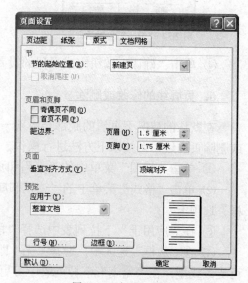

图 2.56 "版式"选项卡

为文档分节要在新节处插入一个分节符，分节符是表示节结束而插入的标记。在普通视图下，分节符显示为含有"分节符"字样的双虚线，用删除字符的方法可以删除分节符。

插入一个分节符的步骤如下。

① 将插入点光标移到需要分节的位置。

② 单击"插入"菜单中的"分隔符"命令，弹出"分隔符"对话框，如图 2.57 所示。

③ 在"分节符类型"栏中选择下一节的起始位置：

● "下一页"表示从分节线处开始分页，使分节从下页顶端开始。

● "连续"表示相邻上下两节内容紧接。

● "偶数页"表示从下一个偶数页开始新节。

● "奇数页"表示从下一个奇数页开始新节。

④ 选择一种分节符类型后单击"确定"按钮。

5．设置页码

可以使用"插入"菜单中的"页码"命令或"页眉和页脚"工具栏中的"插入页码"按钮来插入页码。

插入页码的操作步骤如下。

① 单击"插入"菜单中的"页码"命令，弹出如图 2.58 所示的"页码"对话框。

② 在"位置"下拉列表中指定是将页码置于页面的页眉还是页面的页脚。

③ 单击"格式"按钮可设置页码的格式，如采用罗马数字还是阿拉伯数字等。

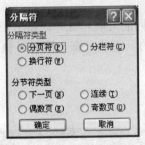

图 2.57 "分隔符"对话框

图 2.58 "页码"对话框

④ 单击"确认"按钮完成页码的设置。

6．页眉线的修改或删除

在默认的情况下页眉的底部会出现一条单线，即页眉线。如果要对页眉线进行艺术加工或删除页眉线，可按以下方法进行操作。

① 单击"视图"菜单中的"页眉和页脚"命令，出现页眉区。

② 单击"格式"菜单中的"边框和底纹"命令，打开"边框和底纹"对话框，选中"边框"选项卡。

③ 在"应用于"下拉列表中选择"段落"选项。

④ 在"边框"选区中，选择"无"即删除页眉；在"线型"列表框中选择一种线型，即可更改线型；在"宽度"下拉列表中可更改页眉线的宽度；在"颜色"下拉列表中选择所需的颜色，当颜色选定为"白色"时，也可删除页眉。

⑤ 单击"确定"按钮，返回页眉区。

⑥ 单击"页眉和页脚"工具栏中的"关闭"按钮，返回主文档。

三、设置分栏

在 Word 中，用户可以根据版面的需要，改变整个文章的排版栏数，也可以把文章分成多节，每节设成不同的排版栏数。这样，每节能够按照不同的栏数打印，这对于编辑新闻、信件、布告或类似文档是很有用的。

1. 创建分栏

将插入点光标置于分栏开始处的文本行上，就可以开始创建分栏；若只想在文档的特定部位创建分栏，则应该首先选定分栏的文本，可对选定的文本进行分栏。

对整个文档或选定文本进行分栏的操作步骤如下。

① 单击"格式"菜单中的"分栏"命令，打开"分栏"对话框，如图 2.59 所示。

② 在"预设"栏中选择分栏的格式，如"相等两栏"或"偏左两栏"。

③ 在"宽度和间距"栏中，可以设置栏的宽度以及栏与栏之间的距离。

④ 选中"分隔线"复选框，可在分栏间加上分隔线。

⑤ 在"应用于"下拉列表中，选择分栏的应用范围。

● 整篇文档：将整篇文档设置为分栏的版式。

● 插入点之后：将插入点之后的文本设置为分栏的版式。

● 所选文字：将选定的文字设置为分栏版式，只有在选定了文本之后，才能出现该选项。

● 所选节：将选定的节设置为分栏版式。只有在文档中插入了分节符并选定了文本后才能出现该选项。

● 本节：将插入点所在的节设置为分栏版式。只有在文档中已经插入分节符，才能出现该选项。

⑥ 单击"确定"按钮，完成分栏设置。图 2.60 和图 2.61 所示为分栏示例。

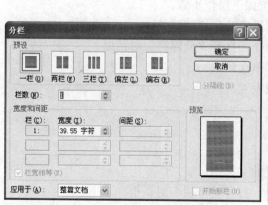

图 2.59　"分栏"对话框

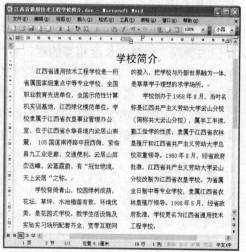

图 2.60　栏宽相等的两栏版式示例

2. 插入分栏符，控制分栏的位置

在 Word 普通视图方式下不能看到栏与栏并排排列，看到的文本是以单栏形式出现的，垂直地向下延伸，点线出现在一栏结束和下栏开始的地方，这些点线称为分栏符。Word 自动断开分栏，以与页面匹配，但也可以通过设置分栏符，指定新栏开始的位置。

① 切换到页面视图。

② 将插入点置于开始新栏的位置。

③ 单击"插入"菜单中的"分隔符"命令，打开"分隔符"对话框。如图 2.62 所示。

④ 单击 "分栏符"单选钮。

⑤ 单击"确定"按钮，关闭对话框。

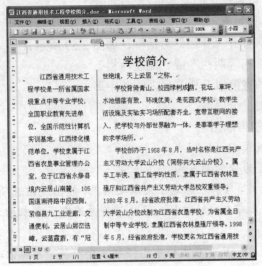

图 2.61 偏左、中间加分隔线的两栏版式

图 2.62 插入分栏符

3. 平衡栏长

一般情况下，节或文档的最后一页内的正文不会正好满页，最后一栏可能是空的或不满，影响文档的美观。要建立长度相等的栏，可按如下操作步骤。

① 在页面视图中，将插入点光标移到要平衡的分栏结尾处。

② 单击"插入"菜单中的"分隔符"命令，打开"分隔符"对话框。

③ 单击"分节符类型"栏中的"连续"单选钮。

④ 单击"确定"按钮关闭对话框，完成设置。

4. 取消分栏

① 切换到页面视图。

② 将插入点光标移到要恢复为单栏版式的文档中。

③ 单击"格式"菜单中的"分栏"命令，打开"分栏"对话框。

④ 单击"一栏"框。

⑤ 单击"确定"按钮关闭对话框，完成取消分栏。

四、打印预览及打印

在正式打印之前，通常应按照设置好的页面格式进行打印预览，以查看最后的打印效果，这样做可以节省时间和纸张。

1. 打印前预览文档

① 打开要预览的文档。

② 单击工具栏上的"打印预览"按钮，或选择"文件"菜单中的"打印预览"命令，弹出预览窗口如图 2.63 所示，预览窗口中的工具栏如图 2.64 所示。

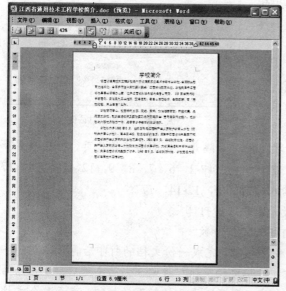

图 2.63　"打印预览"窗口

图 2.64　"打印预览"工具栏

"打印预览"工具栏中各按钮的功能如下。

- 打印：以设定方式打印当前文档。
- 放大镜：单击此按钮后，将鼠标指针移到需要查看的文档处，鼠标指针变为一个放大镜，单击鼠标可放大或缩小显示该处文档的内容。
- 单页：在屏幕中每次显示一页。
- 多页：在屏幕中每次显示多页。
- 显示比例：选择预览文档的显示比例。
- 查看标尺：单击此按钮，可显示或隐藏标尺。
- 缩至整页：将文档放在同一页内，以免最后一页内容很短。
- 全屏显示：转换到全屏幕显示状态。
- 关闭预览：关闭打印预览状态。
- 快捷帮助：提供帮助。

③ 通过工具栏上的按钮可调整文档的边界及设置单页或多页显示方式，最多可显示 6 页。

④ 单击"关闭"按钮退出打印预览，返回文档原来的视图。

2. 打印文档

一篇文档编辑后，除了将其保存在磁盘上，还可以将其打印输出。在打印之前要进行有关的设置，可以打印一份或多份，也可以只打印文档的某部分或指定的页。

在 Word 中打印设置的方法如下。

① 单击"文件"菜单中的"打印"命令，打开"打印"对话框，如图 2.65 所示。

② 在打印机"名称"框中选择用于打印操作
的打印机名称。

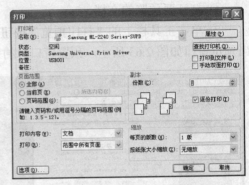

③ 在"页面范围"栏指定文档需打印的部分，
页码范围分为全部、当前页和指定范围。如果想
指定打印范围，请单击"页码范围"单选钮，然
后输入页码或页码范围。

图 2.65 "打印"对话框

- 全部：整个文档的内容全部打印。
- 当前页：只打印插入点光标所在的页。
- 页码范围：在右侧的文本框中输入准确的
  页码范围。如是某一页就直接输入该页
  号；如是不连续的某几页，应在页号之间用逗号隔开；如是连续的几页，应在始页号
  与终页号之间用连字符"—"隔开。例如，要打印 2，6，7，8，9，12，13，14，17
  页，就可在"页面范围"文本框中输入"2，6-9，12-14，17"。

④ 在"副本"栏指定打印的"份数"及是否"逐份打印"。

- 份数：在份数数值框中可输入需要打印的文档份数。
- 逐份打印：选中该选项后，在打印多份文档时，完成一份文档的打印后再开始新的一
  份文档打印。若取消该选项，如要打印 5 份文档，则在打完 5 张第一页后，才开始第
  二页的打印，按页面的顺序，每页打印完 5 页后，再开始新页的打印，直至整个文档
  打印完成。

⑤ 若需双面打印文档，先在"页面设置"对话框中选择"对称页边距"。再打开"打印"
对话框，在"打印"下拉列表中先选中"奇数页"或"偶数页"选项，完成奇数页或偶数页
的打印；再次将纸放入打印机，然后再次打开"打印"对话框，在"打印"下拉列表中选中
"偶数页"或"奇数页"，完成对偶数页或奇数页的打印。

⑥ 单击"确认"按钮后，打印机便按设置值开始打印。

3. 暂停或取消打印

当发生打印文件错误或打印机出现故障等意外情况时，需要立即暂停或取消打印，否则
会造成浪费纸张或打印不出文字等后果。

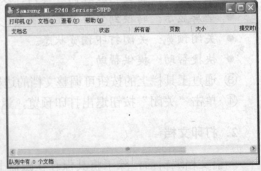

① 单击"任务栏"右侧的"打印机"图
标，打开打印机窗口，如图 2.66 所示。

② 选中要暂停打印的文档，单击"文档"
菜单中的"暂停"命令或将鼠标指向打印文档，
单击鼠标右键，选择"暂停"可暂停打印；单
击"文档"菜单中的"取消"命令或将鼠标指
向打印文档，单击鼠标右键，选择"取消"可
取消打印。

图 2.66 打印机窗口

项目综合实训

一、实训素材

【样文 1A】

学校简介

江西省通用技术工程学校

江西省通用技术工程学校是一所省属国家级重点中等专业学校，全国职业教育先进单位，全国示范性计算机实训基地，江西绿化模范单位。学校隶属于江西省农垦事业管理办公室，位于江西省永修县境内云居山南麓， 105 国道南浔路中段西侧，紧临昌九工业走廊，交通便利。云居山层峦迭嶂，云蒸霞蔚，有"冠世绝境，天上云居"之称。

学校背倚青山，校园绿树成荫，花坛、草坪、水池错落有致，环境优美，是花园式学校。教学生活设施及实验实习场所配套齐全，宽带互联网的接入，把学校与外部世界融为一体，是莘莘学子理想的求学场所。

学校创办于 1958 年 8 月，当时名称是江西共产主义劳动大学云山分校(简称共大云山分校)，属半工半读、勤工俭学的性质，隶属于江西省农林垦殖厅和江西省共产主义劳动大学总校双重领导。1980 年 8 月，经省政府批准，江西省共产主义劳动大学云山分校改制为江西省农垦学校。为省属全日制中等专业学校，隶属江西省农林垦殖厅领导。1998 年 5 月，经省政府批准，学校更名为江西省通用技术工程学校。

江西省通用技术工程学校办公室

【样文 1B】

江西省通用技术工程学校运动队名单

篮球队

2011 级计算机及应用班

熊强强

李志敏

何志坚

2011 级机电班

张伟

胡秋生

黄海军

排球队

2011 级计算机及应用班

朱国锋

廖长志

何志诚

2011 级机电班

钱大磊

杨思齐

刘明

二、操作要求

设置样文【样文 1A】如【样文 2A】所示。

① 设置字体：第一行为华文新魏；第二行标题为华文行楷；正文第一段为楷体；正文第

二段为黑体；正文第三段为仿宋；最后一行为方正舒体。

② 设置字号：第一行为小四；第二行标题为一号；正文为小四；最后一行为四号。

③ 设置字形：正文第一段加双下划线；最后一行倾斜。

④ 设置对齐方式：第二行标题居中；最后一行右对齐。

⑤ 设置段落缩进：正文各段首行缩进 2 字符。

⑥ 设置行（段落）间距：第二行标题段前、段后各一行；正文行距为 1.5 倍行距。

设置样文【样文 1B】如【样文 2B】所示。

项目编号：按照【样文 2B】设置项目编号。

三、实训结果

【样文 2A】

学校简介

江西省通用技术工程学校

　　江西省通用技术工程学校是一所省属国家级重点中等专业学校，全国职业教育先进单位，全国示范性计算机实训基地，江西绿化模范单位。学校隶属于江西省农垦事业管理办公室，位于江西省永修县境内云居山南麓，105 国道南浔路中段西侧，紧临昌九工业走廊，交通便利。云居山层峦迭嶂，云蒸霞蔚，有"冠世绝境，天上云居"之称。

　　学校背倚青山，校园绿树成荫，花坛、草坪、水池错落有致，环境优美，是花园式学校。教学生活设施及实验实习场所配套齐全，宽带互联网的接入，把学校与外部世界融为一体，是莘莘学子理想的求学场所。

　　学校创办于 1958 年 8 月，当时名称是江西共产主义劳动大学云山分校（简称共大云山分校），属半工半读、勤工俭学的性质，隶属于江西省农林垦殖厅和江西省共产主义劳动大学总校双重领导。1980 年 8 月，经省政府批准，江西省共产主义劳动大学云山分校改制为江西省农垦学校。为省属全日制中等专业学校，隶属江西省农林垦殖厅领导。1998 年 5 月，经省政府批准，学校更名为江西省通用技术工程学校。

江西省通用技术工程学校办公室

【样文 2B】

江西省通用技术工程学校运动队名单

1　篮球队
　　1.1　2011 级计算机及应用班
　　　　1.1.1　熊强强
　　　　1.1.2　李志敏
　　　　1.1.3　何志坚
　　1.2　2011 级机电班
　　　　1.2.1　张伟
　　　　1.2.2　胡秋生
　　　　1.2.3　黄海军
2　排球队
　　2.1　2011 级计算机及应用班
　　　　2.1.1　朱国锋
　　　　2.1.2　廖长志
　　　　2.1.3　何志诚
　　2.2　2011 级机电班
　　　　2.2.1　钱大磊
　　　　2.2.2　杨思齐
　　　　2.2.3　刘明

项目三 使用表格

表格是一种应用很广的文档结构形式，它可以用来对比显示各种数据，用来制作日程安排、课程表、成绩单、个人简历以及各种报表等。在网页的制作中也大量使用表格，使用表格形式能给人以直观、简洁版面。Word 2003 能为用户提供相当强大的表格处理工具，可以快速创建精美的表格，还可以通过设置表格的颜色、阴影和边框创作自己个性化的显示效果。

任务一 创 建 表 格

在 Word 2003 中，生成表格的方法灵活多样，可以单击工具栏中的"插入表格" ▦ 按钮或执行"表格"菜单中的"插入表格"命令创建一个简易的表格，也可以单击"表格和边框"工具栏中"绘制表格"按钮绘制复杂的表格，还可以将已有的文本转换为表格。

一、插入表格

1. 表格的组成

表格是由行和列组成的，横线和竖线交织成一个个单元格，每一个单元格都有一个名称，A1、A2……B1、B2……表 3.1 所示为一个 4 行 4 列的表格，表中列出了各个单元格的名称。

表 3.1 表格中各单元格名称

A1	B1	C1	D1
A2	B2	C2	D2
A3	B3	C3	D3
A4	B4	C4	D4

2. 运用"插入表格"按钮 ▦ 插入表格

在常用工具栏中，使用"插入表格"按钮可以快速创建一张表格，操作步骤如下。

① 将光标移到要插入表格的位置。

② 单击常用工具栏中的 ▦ 按钮，打开表格样板如图 3.1 所示。

③ 在表格样板中向右下方拖动鼠标，表格样板的行数和列数随之变化，同时在其下方显示出表格样板的行数和列数，图 3.1 中为 4 行 4 列的表格。

④ 释放鼠标左键，则在插入点处插入一个 4 行 4 列的表格，如表 3.2 所示。

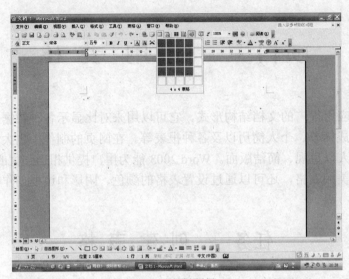

图 3.1　表格样板

表 3.2		4 行 4 列表格	

3．使用表格菜单中的"插入表格"命令插入表格

操作步骤如下。

① 将光标移到要插入表格的位置。

② 单击"表格"菜单中的"插入"命令，打开下一级子菜单，如图 3.2 所示。单击"表格"命令，打开"插入表格"对话框，如图 3.3 所示。

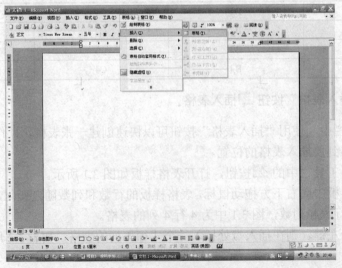

图 3.2　"插入"子菜单

③ 在"表格尺寸"栏中的列数和行数数值框中输入行数和列数，如6列4行。

④ 在"'自动调整'操作"栏中选择一种表格列宽方式，确定后插入一个6列4行的表格。

在默认的情况下是选"固定列宽"中的"自动"选项，即表格宽度占满整行；也可在后面的数值框中输入列宽值，如输入1.5厘米，表示每一列宽为1.5厘米。

选择"根据窗口调整表格"单选钮，即表示表格的宽度随窗口改变而变化。

选择"根据内容调整表格"单选钮，可使列宽随单元格中的内容改变宽度。

⑤ 如果选用Word自带的格式，可单击"自动套用格式"按钮，打开"表格自动套用格式"对话框，如图3.4所示，选择自己适合的表格格式。

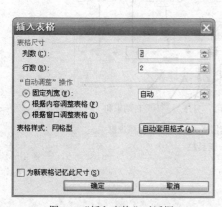

图3.3 "插入表格"对话框

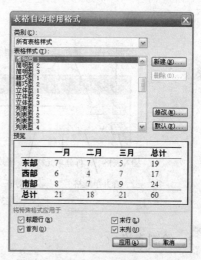

图3.4 "表格自动套用格式"对话框

⑥ 选中"为新表格记忆此尺寸"复选框，表示上面的设置成为以后创建表格时的默认值。

⑦ 单击"确定"按钮，自动关闭对话框，这时在光标处插入了一个4行6列的表格。

4. 表格中文字的录入

表格中文字的录入比较简单，只要将光标定位在单元格中，录入所需的文字。在录入文字的操作中有以下技巧。

① 光标在单元格之间切换可按Tab键和方向键"←、→、↑、↓"。

② 在单元格中录入时按回车键，可以在该单元格中开始新的一段。

5. 制作简易的课程表

如表3.3所示，制作计算机应用班课程表。

表3.3　　　　　　　　　　　　　计算机应用班课程表

	星期一	星期二	星期三	星期四	星期五
1～2节	三维动画	CAD	Flash	Corel DRAW	三维动画
3～4节	Corel DRAW	就业指导	三维动画	图像处理	Flash
5～6节	班级活动	图像处理	Corel DRAW	自习	CAD

制作课程表的步骤非常简单，只要在插入的 4 行 6 列表格中输入所有文字即可。

二、手工绘制表格

手工绘制表格主要用于制作一些不规则的表格，如个人简历，这种表格的行高和列宽不一致，利用手工绘制表格较方便。

1. "表格和边框"工具栏

单击常用工具栏中的"表格和边框"按钮 🗔，弹出"表格和边框"工具栏，如图 3.5 所示。

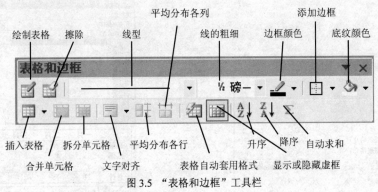

图 3.5 "表格和边框"工具栏

2. 绘制表格

① 单击"表格和边框"工具栏上"绘制表格"按钮 🖉 或单击"表格"菜单中的"绘制表格"命令，这时鼠标变成铅笔形状。

② 设置线条形状、线条粗细以及边框的颜色。

③ 在文本编辑区中拖动鼠标绘制表格的外边框，根据表格本身的特点，再绘制横线和竖线。

④ 为了方便起见，可以利用平均分布各行和平均分布各列、拆分单元格和合并单元格等按钮对绘制的表格进行修改。

⑤ 绘制错误时可使用擦除按钮。

3. 绘制个人简历表

个人简历表是一个不规则的表格，如表 3.4 所示。它比较有代表性，而且也是绘制表格中经常应用的一种表格。在绘制过程中，要求页面按实际大小设置，行高和列宽与原表格较接近。

操作要点如下。

① 利用"绘制表格"工具，拖动鼠标绘制表格的大矩形框，外边框大小要根据绘制表格的大小来确定。

② 在大矩形框中从左至右拖动鼠标画横线，从上而下拖动鼠标画竖线，拖动时注意笔直

拖动，否则就会拖成一个小矩形框图。

③ 适当地调整表格的行高和列宽。

④ 录入文字，文字设置如表中所示。

表 3.4 个人简历表

姓名	万勤	曾用名		性别	女	
籍贯	江西南昌	民族	汉	出生年月	1993.6	相片
是否团员	是	何时入团	2009.5	特长	象棋	
家庭住址	江西省南昌县武阳镇大仪村			邮政编码	330000	
家长姓名	万生权	工作单位		江西省南昌县武阳镇大仪村务农		
入学时间	2009.9.1	入学前文化程度		初中	毕业时间	2012.7

本人简历	自何年何月	至何年何月	在何地学习或工作	证明人
	2000.9	2006.7	大仪小学	黄斌
	2006.9	2009.7	武阳中学	邬彬文
	2009.9	2012.7	江西省通用技术工程学校	胡位淮

受过何种奖励	2010 年 9 月获甲等奖学金 2011 年 5 月获"优秀学生干部"
受过何种处分	无
在校担任何种工作	担任学生会劳动部干事、班长
健康状况	健　康

三、文字和表格间的转换

1. 文字转换成表格

在 Word 2003 中，凡是用段落标记、空格、制表符或其他特定字符隔开的文字都可以转换成表格。

① 选定要转换的文本，文字之间用空格隔开，如图 3.6 所示。

② 单击"表格"菜单中"转换"的下一级子菜单中的"文字转换成表格"命令，打开"将文字转换成表格"对话框，如图 3.7 所示。

③ 在对话框中，自动检查出选定的文字中包含的行数、列数和文字分隔位置。其中还可以根据需要重新进行设置和调整，也可以在"文字分隔位置"栏中选择"其他字符"单选钮，并在文本框中输入所用的符号分隔。

④ 其他选项可以参照创建表格中的"插入表格"对话框选项，这里不再赘述。

⑤ 单击"确定"按钮关闭对话框，选定的文字将转换成如图 3.8 所示的表格。

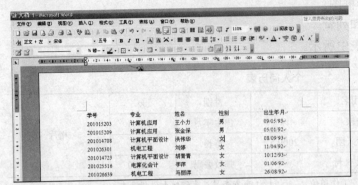

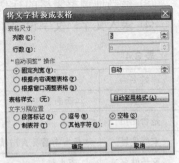

图 3.6　需转换为表格的文本　　　　　　　　图 3.7　"将文字转换成表格"对话框

2．表格转换成文字

同样，Word 也可以将一张表格转换成用分隔符分开的文字。方法是：先将光标移到表格中，单击"表格"菜单中"转换"的下一级子菜单中的"表格转换成文本"命令，打开"表格转换成文本"对话框，如图 3.9 所示。在"文字分隔符"栏中选择一种转换成文字后的文字分隔方式，然后单击"确定"按钮。

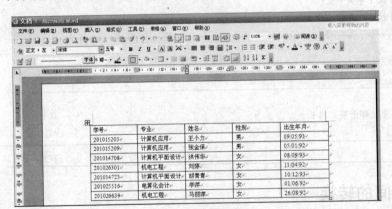

图 3.8　转换后的表格　　　　　　　　图 3.9　"表格转换成文本"对话框

任务二　调整表格

在绘制表格的过程中，可对表格的行、列进行适当调整，使表格更符合原样。

一、调整表格大小

1．表格选择

对表格进行操作时必须先选取表格或选取行、列，然后才能操作。

（1）选定表格

● 当光标移到表格内时，表格上方出现小的移动框，如图 3.10 所示圆圈中的形状，将鼠标移向该移动框，这时鼠标指针变成十字箭头，单击该移动框即可选取整张表格。

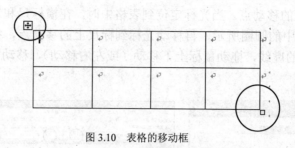

图 3.10　表格的移动框

● 单击"表格"菜单中"选定"的下一级子菜单"表格"。
● 拖动鼠标从第一个单元格至最后一个单元格即可选定整张表格。

（2）选定行

● 将光标移到表格左侧框外，在需要选定的行单击即可。
● 按住鼠标左键从选定行左侧向右侧拖动，该行反白显示。
● 将光移到选定行中，单击"表格"菜单中"选定"的下一级子菜单"行"。

（3）选定列

● 将光标移到表格上方，光标变成黑色实心箭头时，单击即可。
● 按住鼠标左键从选定上端向下拖动，该列反白显示。
● 将光移到选定列中，单击"表格"菜单中"选定"的下一级子菜单"列"。

（4）选定单元格

● 单击选定单元左边框即可。

（5）选定多个单元格、多行或多列

● 在要选定的单元格、行或列上拖动鼠标；或者先选定某个单元格、行或列，然后在按下 Shift 键的同时单击其他单元格、行或列。

2．表格缩放

① 当光标移到表格内时，表格右下角出现小方框，如图 3.10 所示下方圆圈中的形状，同时将光标移向该方框，鼠标指针变成斜的双向箭头，拖动鼠标向左向上移动缩小表格，向右向下移动放大表格。

② 单击"表格"菜单中的"表格属性"命令，打开"表格属性"对话框，如图 3.11 所示。选择"表格"选项卡，在"尺寸"栏中单击"指定宽度"复选框，在数值框中输入表格的宽度，单击"确定"按钮。

3．行高、列宽缩放

① 单击"表格"菜单中的"表格属性"命令，打开"表格属性"对话框，如图 3.11 所示，选择"表格"选项卡，在"尺寸"栏中选择"指定高（宽）度"复选框，在数值框中输入行高（列宽）值，单击"上一行（列）或下一行（列）可以依次设置各行（列）的高（宽）度，然后单击"确定"按钮。

② 使用鼠标调整行高、列宽。将鼠标指针移到需调整行高或列宽的表格线上，直到鼠标指针变成 <|> 形状，按住鼠标左键左右或上下拖动，至合适列宽、行高后，松开鼠标左键。

③ 调整标尺上的移动点。当光标定位到表格中时，在横标尺和纵标尺上显示行和列的移动点，如图 3.12 中的圆圈所示，再移动光标到标尺上的移动点，按住鼠标左键，这时出现一条横向或纵向的虚线，拖动鼠标上下移动（或左右移动），移动行（列）的行高和列宽随之变化。

图 3.11 "表格属性"对话框

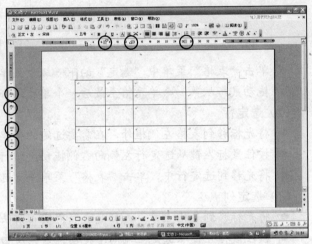

图 3.12 标尺上的移动点

4. 平均分配各行（列）

这个工具对手工绘制表格很实用，在画行线或列线时，需要相邻几行（列）行高或列宽相同，可以先任意画行数，选定这几行（列），然后选择平均分配各行（列），如表 3.5 和表 3.6 所示。

表 3.5 平均分配各行之前表格

表 3.6 平均分配各行之后表格

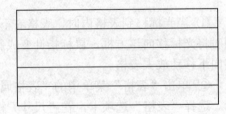

5. 行、列交换

行（列）交换只发生在行与行交换，或列与列交换，即调整各行之间的排列顺序，在此操作之前必须未进行单元格合并和拆分，否则就会改变表格的结构。

① 选定移动的该行（列）。

② 按住鼠标左键，拖动鼠标到目标行（列）的第一个单元格并释放鼠标，则该行（列）被移动到目标行（列）的前面。

③ 多次移动行（列），就可以重新排列各和行（列）。

二、插入行、列和单元格

1. 利用"表格"菜单插入行（列）

① 将光标移向插入行（列）上下行（左右列）的位置。

② 单击"表格"菜单中的"插入"命令，打开其子菜单中的命令如图 3.13 所示。

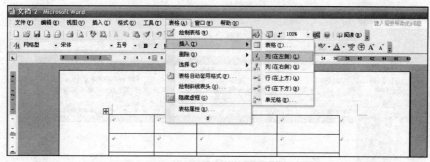

图 3.13　插入子菜单

③ 然后在"列（在右侧）"、列（在左则）、行（在上方）、行（在下方）命令中选取其中的一个命令单击，便可插入新行或新列。

2. 在表格末尾快速添加一行

单击最后一行的最后一个单元格，然后按 Tab 键，或将光标移至表格右侧回车符前，再按回车键，每按一次，则插入一行。

3. 插入单元格

在一个表格中只插入一个单元格的可能性很小，因为插入一个单元格后，其后面的单元格向后移一个，最后这一行必然多出一个单元格。

三、单元格合并和拆分

1. 合并单元格

合并单元格是将表格中多个连续的单元格合并成一个单元格，若由多行（列）合并，一般要求单元格在一行（列）中对齐。

① 选定所有要合并的单元格，如图 3.14 所示。

② 单击"表格"菜单中的"合并单元格"命令，即可将多个单元格合并成一个单元格，如图 3.15 所示。

③ 合并单元格也可以使用"表格和边框"工具栏上 按钮。

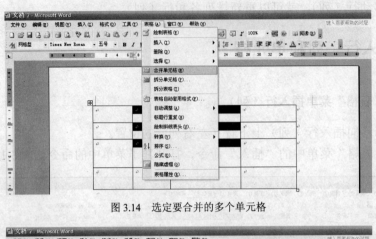

图 3.14　选定要合并的多个单元格

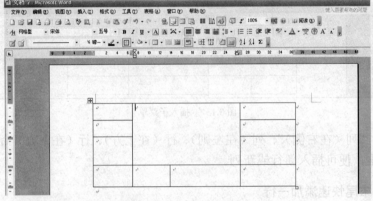

图 3.15　合并单元格后的表格

2．拆分单元格

拆分单元格就是将一个单元格拆分成多个单元格。

① 选定要拆分的一个或多个单元格，如图 3.16 所示。

图 3.16　"拆分单元格"命令

② 单击"表格"菜单中的"拆分单元格"命令，打开"拆分单元格"对话框如图 3.17

所示。

③ 在"列数"数值框中输入拆分成的列数，如输入"5"；在"行数"数值框中输入拆分成的行数，如输入"3"。

④ 单击"确定"按钮，即将原一个单元格拆分成3×5个单元格，如图3.18所示。

⑤ 拆分单元格也可以使用"表格和边框"工具栏上 ▦ 按钮。

图3.17　"拆分单元格"对话框　　　　　　图3.18　拆分单元格后的表格

四、表格移动和删除

1．移动表格的位置

在 Word 2003 中移动表格比较方便，只需将鼠标移向表格，表格左上方出现一个十字的移动框，将鼠标移至该移动框，光标变成十字箭头形，按住鼠标左键拖动，将出现一个虚线框以表示移动后的位置，如图3.19所示。

2．移动、复制表格中的内容

① 选定要移动或复制的单元格（包括单元格结束符）。

② 单击常用工具栏中的"复制"按钮或按 Ctrl+C 组合键复制。

③ 把插入点移到目标单元格中。

④ 单击"编辑"菜单中的"粘贴"命令，或按 Ctrl+V 组合键，粘贴复制的内容，并替换目标单元格内容。

3．删除单元格内容

删除单元格内容只需先选定单元格，然后按 Delete 键即可。

4．删除表格

① 将光标移至表格内。

② 单击"表格"菜单中"删除"子菜单的"表格"命令，如图3.20所示。

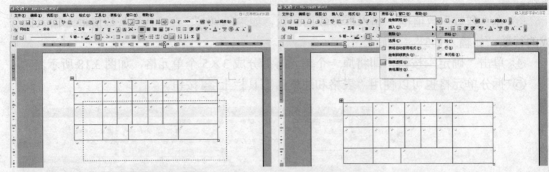

图 3.19　用鼠标拖动表格时的虚线框　　　　　　　图 3.20　删除表格子菜单

任务三　表　格　美　化

表格美化是对表格的文字、边框、底纹等进行设置，从而产生更美观、更专业化的表格。

一、文字美化

1．表格中文本的字体、字号设置

表格中文本的字体、字号设置与文档正文设置方法相同，即先选定要设置字符格式的行、列或单元格，利用格式工具栏中设置字体、字号、字形等各个按钮，或选择"格式"菜单中的"字体"命令，打开"字体"对话框，对"字体"选项卡进行设置。

2．文字对齐

设置文本水平对齐和垂直对齐的方法如下。

① 选择所需对齐的单元格的文本。

② 单击常用工具栏中的"表格和边框"按钮，打开"表格和边框"工具栏。

③ 单击"表格和边框"工具栏中"文本对齐方式"按钮右边的向下箭头，如图 3.21 所示，从中选择所需的一种对齐方式，如图 3.22 所示。

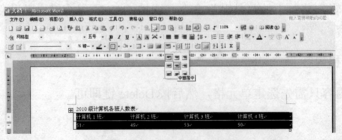

图 3.21　"文本对齐方式"下拉菜单

设置文本垂直对齐的方法如下。

① 选定要垂直对齐的单元格文本。

② 单击"表格"菜单中的"表格属性"命令，打开"表格属性"对话框，选择"单元格"选项卡，如图 3.23 所示。

③ 在"垂直对齐方式"栏中根据要求选择一种对齐方式后，单击"确定"按钮。

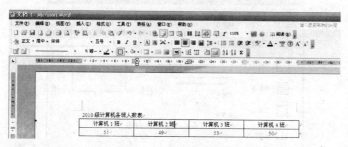

图 3.22　对齐后表格效果

3. 设置单元格中文字排列方向

一般情况下，表格中的文本是横向排列，也可以竖向排列（即文字竖排）。

① 选定需要改变方向的单元格中的文字。

② 单击"格式"菜单中的"文字方向"命令，打开"文字方向-表格单元格"对话框，如图 3.24 所示。

③ 选择一种文字方向，并单击"确定"按钮。

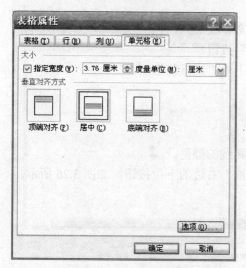

图 3.23　"单元格"选项卡

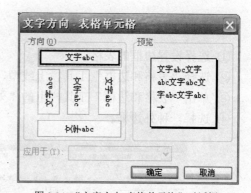

图 3.24　"文字方向-表格单元格"对话框

二、边框美化

1. 利用"格式"菜单绘制边框

① 选择需要绘制边框的行、列或单元格。

② 单击"格式"菜单中的"边框和底纹"命令，打开"边框和底纹"对话框，如图 3.25 所示。

图 3.25 "边框和底纹"对话框

③ 选择"边框"选项卡，在设置选项组中选择一种方式，如"无"选项。
④ 在"线型"、"颜色"、"宽度"列表框中选择一种线型、颜色和线的宽度。
⑤ 在"预览"栏中观察效果，也可以选择线型、线宽后，用鼠标单击预览框中的某一边线或某一中间线条。

2．利用"绘制表格"工具按钮绘制边框

① 在"表格和边框"工具栏中设置线型、线宽和线的颜色。
② 单击"表格和边框"工具栏上"绘制表格"按钮。
③ 鼠标变成铅笔形状，在需要设置边框的线上单击或重新绘制。

3．快速添加外边框

① 选择设置边框的表格。
② 选择"表格和边框"工具栏上线型、线宽和线的颜色。
③ 单击"表格和边框"工具栏上的"外部边框"右边的下拉按钮，如图 3.26 所示。
④ 选择一种外边框。

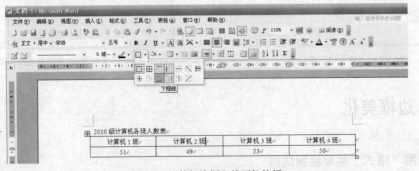

图 3.26 "外部边框"的下拉按钮

例 3.1 绘制如下所示的表格边框。

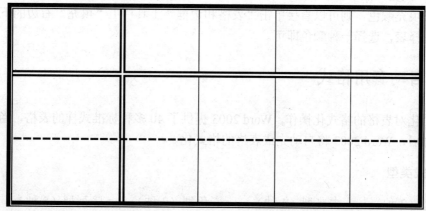

操作步骤如下。

① 插入一个 3 行 5 列的表格。

② 调整表格的行高和列宽。

③ 选择表格，选择工具栏上的线型 ▭▭▭▭、线宽为 3 磅，单击"外部边框"按钮下的"外部边线"，则外部边框设置好。

④ 单击"绘制表格"按钮，选择双线线型，线宽为 1.5 磅，用鼠标绘制中间的两条双线。

⑤ 改变线型为虚线，用鼠标绘制内部的虚线。

三、底纹美化

底纹美化是以每一个单元格为单位分别填充不同的颜色。

① 选定需要添加底纹的单元格，如标题行。

② 单击"格式"菜单中的"边框和底纹"命令（或右键菜单中的"边框和底纹"命令），打开"边框和底纹"对话框，选择"底纹"选项卡，如图 3.27 所示。

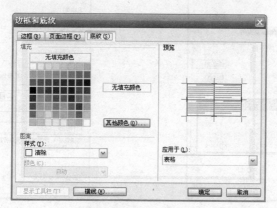

图 3.27 "底纹"选项卡

③ 在"填充"栏中单击单元格所填充的颜色，在"图案"栏中"式样"下拉列表中选择底纹式样。

④ 在"预览"框中显示设置的效果，单击"确定"按钮。

若仅仅填充颜色，则可以直接单击"表格和边框"工具栏上"填充"右边的下拉按钮，打开颜色选择表，选择一种颜色即可。

四、自动套用格式

为了简化对表格的格式化操作，Word 2003 提供了 40 多种标准式样的表格，当用户选用了一种式样后，Word 2003 将自动完成表格的格式化。

1．格式类型

简明型（3 种）　　古典型（4 种）　　彩色型（3 种）　　竖列型（5 种）
网格型（8 种）　　列表型（8 种）　　立体型又称三维型（3 种）
流行型（1 种）　　典雅型（1 种）　　专业型（1 种）　　精巧型（2 种）
网页型（3 种）

2．菜单操作

① 将光标移至表格中任一单元格。

② 选择"表格"菜单中的"自动套用格式"命令，打开"表格自动套用格式"对话框，如图 3.28 所示。

③ 在"表格样式"列表框中选择所需的表格格式，如选择"彩色型 3"，在预览中将显示相应的格式，如图 3.28 所示。

④ 若要对所应用的格式进行修改，单击"修改"按钮，弹出"修改样式"对话框，如图 3.29 所示，在其中进行修改。

图 3.28 "表格自动套用格式"对话框

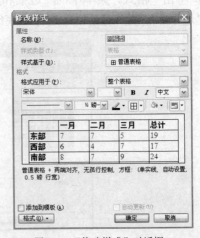

图 3.29 "修改样式"对话框

⑤ 单击"格式"按钮，可对其设置表格属性、边框和底纹、段落等。

⑥ 单击"确定"按钮，该格式应用于表格。

3．其他操作

在"表格和边框"工具栏上的命令按钮和右键菜单以及将"文字转换成表格"命令中都有"自动套用格式"，方法同前。

4．自动套用格式的取消

要清除表格中的格式或更换表格格式，可以将插入点移至表格中，单击"表格"菜单中的"表格自动套用格式"命令，打开"表格自动套用格式"对话框。然后在"格式"列表框中选择"表格主题"或另一种格式，单击"确定"按钮即可。

五、绘制斜线表头

1．手工绘制

手工绘制就是利用"表格和边框"中"绘制表格"按钮在表格左上方的第一个单元格中绘制一条斜线，步骤如下。

① 将光标移至表格的第一个单元格中。

② 单击"表格和边框"工具栏中的"绘制表格"按钮，鼠标指针变成一支铅笔形状。

③ 在表格的第一个单元格中从左上至右下绘制一条对角线。

2．菜单设置斜线表头

① 将光标移至表格的第一个单元格中。

② 单击"表格"菜单中的"绘制斜线表头"命令，打开"插入斜线表头"对话框，如图3.30所示。

③ 在"表头样式"下拉列表中选择所需斜线式样，在"预览"框中观察效果。图 3.30所示为样式二的斜线表头。

④ 在"字体大小"下拉列表中选择所需的字体大小，一般选择较小字体，这种文字是以文本框的形式出现的。

⑤ 在"行标题"、"数据标题"、"列标题"文本框中输入表头的文字，如"班级"、"人数"、"科目"。

⑥ 单击"确定"按钮完成设置。

六、文字环绕表格

在 Word 2003 中，默认情况下，将表格拖放至段落中，文字就会自动环绕表格。如果要精确设置表格和环绕方式，以及设置表格与文字之间的距离，可按以下步骤操作。

① 将光标移至表格的任一单元格中。

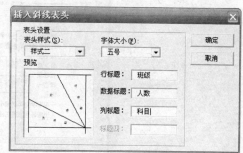

图 3.30　"插入斜线表头"对话框

② 选择"表格"菜单中的"表格属性"命令，打开"表格属性"对话框，如图 3.31 所示。

③ 在"文字环绕"栏中选择"环绕"选项，单击"定位"按钮，打开"表格定位"对话框，如图 3.32 所示。

图 3.31 "表格属性"对话框

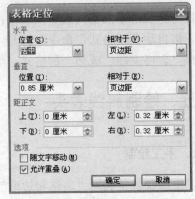

图 3.32 "表格定位"对话框

④ 在"水平"栏的"位置"框中，既可输入一个精确的数值，也可以从下拉列表中直接单击所需的位置，并在"相对于"列表框中设置表格相对页面左右边界、页边距以及分栏的距离。

⑤ 在"垂直"栏的"位置"框中，既可输入一个精确的数值，也可以从下拉列表中直接单击所需的位置，并在"相对于"列表框中设置表格相对页面上下边界、页边距以及段落的距离。

⑥ 在"距正文"栏中，设置表格与正文上下、左右之间的距离。

⑦ 单击"确定"按钮关闭对话框，设置效果如图 3.33 所示。

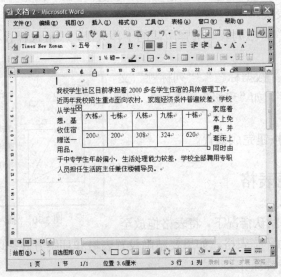

图 3.33 "文字环绕"效果

七、重复标题行

重复标题行是指当一个表很长横跨多页时，需要在各页上重复表格的标题及第一行标题行。

① 选定作为表格标题的一行或几行文字。

② 单击"表格"菜单中的"标题行重复"命令即可。

在表格中如果插入硬分页符，将无法重复表格标题。

任务四　表格的排序和计算

一、排序

1．简单排序

如果仅对表格中的一列数据进行排序，可以先将光标移至要排序的一列的单元格中，单击"表格和边框"工具栏中的"升序"或"降序"按钮即可。

2．复杂的排序

① 移动光标至要排序的表格中。

② 单击"表格"菜单中的"排序"命令，打开"排序"对话框，如图 3.34 所示。

③ 在"主要关键字"下拉列表中，选择排序的第一依据的列名称。在"类型"下拉列表中，指定该列的排序类型，如"笔画"、"拼音"、"数字"或者"日期"。

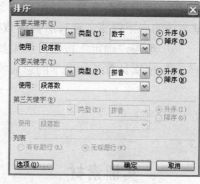

图 3.34 "排序"对话框

④ 根据要求选择"递增"或"递减"，即递增为升序，递减为降序。

⑤ 若用到第二排序依据，可以在"次要关键字"列表框中重复前面两步。

⑥ 在"列表"栏中有两个选项：

"有标题行"选项：对列表排序时不包括首行。

"无标题行"选项：对列表所有行排序时包括首行。

⑦ 单击"确定"按钮关闭对话框。

二、计算

表格中的计算与 Excel 中计算相似，但对单元格的名称按前面方法表示。利用"表格和边框"工具栏中的"自动求和"按钮 $\sum$ ，可以快速求出一列或一行数据的总和。如果插入点位于表格中一行的右端，则它对该单元格左端的数据求和；如果插入点位于表格中一列的下端，则它对该单元格上端的数据求和。

例 3.2 求表 3.7 中学生的总成绩。

表 3.7 　　　　　　　　　　2010 级计算机平面设计班成绩表

姓　　名	三维动画	Photoshop	CorelDRAW	CAD	总成绩
杨文清	95	88	90	80	353
周勤雷	90	79	92	86	
林玲	86	82	89	83	
张小平	79	70	80	73	

① 将光标放入"总成绩"下的第 1 个单元格。

② 单击"表格"菜单中的"公式"命令，打开"公式"对话框，如图 3.35 所示。

③ 在"公式"文本框中输入公式，或打开"粘贴函数"下拉列表，选择需要的函数。例如，求和函数"SUM"、求平均函数"AVERAGE"、最大值函数"MAX"、最小值函数"MIN"等。

④ 在公式后面的括号内输入单元格名称。注意，从 B2 到 E2 用"B2:E2"表示。

⑤ 如果要改变数字结果的格式，可以单击"数字格式"框右边的向下箭头，选择所需的数字格式。

⑥ 单击"确定"按钮，结果如表 3.7 所示。

⑦ 依次计算其他同学的总成绩。

图 3.35 "公式"对话框

项目综合实训

一、实训素材

【样文 1】

固定资产盘点统计表

设备编号	盘点单号码	设备名称	单位	取得日期	取得成本	帐列数量	盘点数量	盘点差异	备注

主管：　　　　复核：　　　　制表：　　　　日期：　　年　月　日

二、操作要求

打开【样文1】，按下列要求创建、设置表格如【样文2】所示，并保存到自己的文件夹中。

① 将光标置于文档第一行，创建一个4行7列的表格，为新创建的表格自动套用彩色型2的格式，如【样文2】所示。

② 在【样文1】<固定资产盘点统计表>表格的最下方插入一行（空行）；将"设备编号"一列与"盘单点号码"一列位置互换；调整"取得日期"一列的宽度为1.95厘米，调整"备注"一列的宽度为2.32厘米。

③ 将"设备名称"所在的单元格及其后方的一个单元格合并为一个单元格。

④ 将表格中单元格的字体设置为宋体（中文）、五号、加粗；将表格中单元格的对齐方式设置中部居中；将第一行的底纹设置为茶色。

⑤ 将表格的外边框线设置为1.5磅的粗实线；将第一行的下边线设置为粉红色的双实线。

三、实训结果

【样文2】

固定资产盘点统计

盘点单号码	设备编号	设备名称		单位	取得日期	取得成本	账列数量	盘点数量	盘点差异	备注

主管：　　　复核：　　　制　表：　　　日　期：　　年　月　日

项目四　图形对象

Word 将艺术字、文本框、图文框、图形、图片、公式等都作为图形对象处理。本章主要介绍如何使用图形对象。

任务一　插入艺术字

艺术字是一种专门设置文本效果的工具，它可以为文本设置阴影、弯曲、旋转等特殊视觉效果。

一、插入艺术字

单击"绘图"工具栏上的"插入艺术字"按钮，如图4.1所示，或者单击"插入"菜单中的"图片"命令，再单击其子菜单中的"艺术字"命令，打开"'艺术字'库"对话框，如图4.2所示。选择一个样式，单击"确定"按钮，弹出"编辑'艺术字'文字"对话框。输入文字，设置字体、字号，单击"确定"按钮，文档中就插入了艺术字，如图4.3所示，同时Word自动显示出"艺术字"工具栏。

图4.1 "绘图"工具栏—"插入艺术字"按钮

图4.2 "艺术字"库对话框

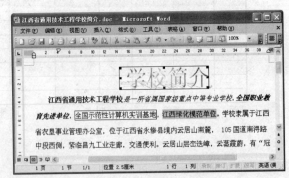

图4.3 "艺术字"示例

二、艺术字的格式设置

1."艺术字"工具栏

"艺术字"工具栏如图4.4所示，利用"艺术字"工具栏可修改艺术字的形状，旋转角度，或重新编辑艺术字文字。

图 4.4 "艺术字"工具栏

"艺术字"工具栏中各按钮的功能说明如下。

- 插入艺术字：插入新的艺术字，可打开"'艺术字'库"对话框。
- 编辑文字：编辑选定艺术字的文字，可打开"编辑'艺术字'文字"对话框。
- 艺术字库：可打开"'艺术字'库"对话框，重新选择艺术字式样。
- 设置艺术字格式：打开"设置艺术字格式"对话框，设置艺术字的格式，如艺术字的颜色、线条、大小、版式等。
- 艺术字形状：打开"艺术字形状"菜单，对艺术字进一步变形。
- 自由旋转：把艺术字自由旋转至任意角度。当艺术字的 4 个角上出现旋转控制点时，按住鼠标左键进行拖动即可。
- 文字环绕：调整艺术字与正文的位置关系，设置环绕方式。
- 艺术字字母高度相同：使艺术字中每个字母的高度相同。
- 艺术字竖排文字：竖直排列艺术字中的文字。
- 艺术字对齐方式：指定艺术字的排列方式（如果艺术字有多行的话），从弹出菜单中选择"左对齐"、"居中"、"右对齐"、"单词调整"、"字母调整"或"延伸调整"。
- 艺术字字符间距：调整艺术字的字符间距，如"很密"、"紧密"、"常规"、"稀疏"或"很松"等。

2. "绘图"工具栏的"阴影样式"按钮█和"三维效果样式"按钮█

阴影：单击"阴影样式"按钮，打开"阴影"菜单，可设置艺术字图形的阴影效果。

例如，应用"阴影式样 13"的艺术字效果如下：

阴影式样13

三维效果：单击"三维效果样式"按钮，打开"三维效果"菜单，可设置艺术字图形的三维效果。

例如，应用"三维样式 5"的艺术字效果如下所示。

任务二　使用文本框和图文框

文本框作为存放文本的"容器"，可放置在页面的任一位置上并可调整大小。使用文本框，可以在同一页面中排出两种不同的排列方式，如一部分文本以水平排列，而另一部分文本以竖直排列。此外，对于同一文档中的多个文本框，还可以将它们链接起来，从而使同一段落的文本内容，分别排列在不同位置上的文本框之中。

一、插入文本框

1．插入空文本框

单击"绘图"工具栏中的"文本框"按钮，如图 4.5 所示。在文档中拖动鼠标，可以插入一个空的横排文本框；若要插入竖排的文本框，只要单击"竖排文本框"按钮就可以了。

图 4.5 "绘图"工具栏—"文本框"按钮

2．给已有文本添加文本框

选中要添加文本框的文本，单击"绘图"工具栏中的"文本框"按钮，就给选中的文本添加了文本框，如图 4.6 所示。

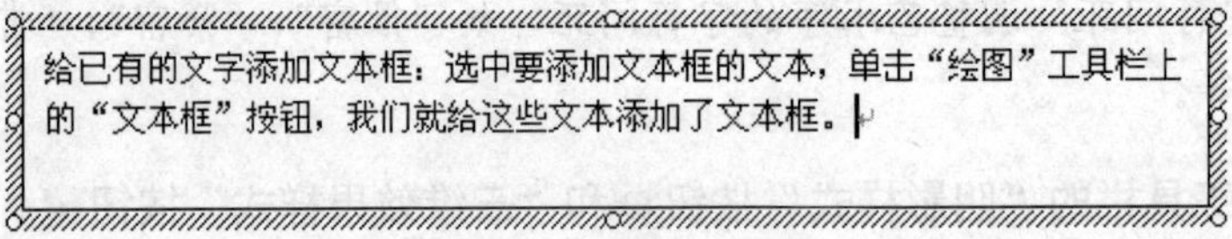

给已有的文字添加文本框：选中要添加文本框的文本，单击"绘图"工具栏上的"文本框"按钮，我们就给这些文本添加了文本框。

图 4.6 给已有的文字添加文本框

3．链接文本框

通常，插入的多个文本框之间是相互独立的，要在各文本框之间实现文本接续非常困难。使用"创建文本框链接"工具 ，就可在一个文本框排满后，后续的文本自动接续到下一文本框。这两个文本框可以不相邻甚至不在同一页上。但在建立文本框链接之前，必须注意这些要链接的文本框应是空文本框，即文本框中无任何内容。

4．改变文本框的大小和位置

当在文件中加入文本框以后，将鼠标指针移到文本框中，鼠标指针的形状变成一个四向箭头；只要按下鼠标左键并拖动鼠标，此文本框就随鼠标的移动而移到所要的位置，松开鼠标左键，文本框就被固定到新的位置。同时，Word 将文件中的其他内容，根据文本框所在的位置重新排列。

除了可以移动文本框的位置外，还可调整文本框的大小，其操作步骤如下。

（1）将鼠标指针移到文本框上。

（2）单击鼠标左键，选取该文本框，此时文本框四周出现 8 个小方框，称为控点。

（3）将鼠标指针移到任意一个控点上，鼠标指针变成双向箭头。

（4）按下鼠标左键并拖动鼠标，即可改变文本框的大小及形状。

文本框的大小和位置还可以通过"设置文本框格式"对话框精确设置，通过"设置文本框格式"对话框，还可以设置文本框的填充、线条颜色等。

二、文本框转换为图文框

1. 图文框的应用

让我们先看一个例子。用绘图工具制作一个验证口令的流程图，如果将它放在一份设计报告中，可能在排版过程中需要调整流程图的摆放位置，这时就需要一个一个地移动元件。是否有一个简单的方法呢？那就是使用图文框。

将光标移到图文框中，使用各种绘图工具画出流程图，在相应的流程框中添加好文字。移动图文框时，图文框中的所有元件都随着移动，如图 4.7 所示。

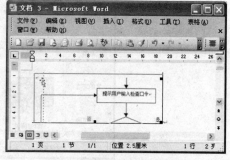

2. 文本框转换为图文框

图文框具有文本框所没有的一些特性，在 Word 2003 中不能直接创建图文框，但可以通过将文本框转换为图文框。

① 插入一个文本框。

② 在文本框上右击鼠标，选择"设置文本框格式"，弹出"设置文本框格式"对话框，如图 4.8 所示。

图 4.7　移动图文框及其中的对象

③ 在"设置文本框格式"对话框的文本框选项卡页面上单击"转换为图文框"按钮，即可将文本框转换为图文框，如图 4.9 所示。

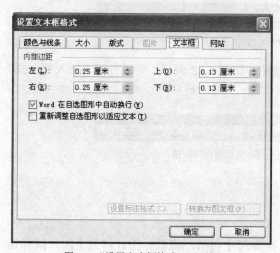

图 4.8　"设置文本框格式"对话框

图 4.9　图文框

任务三 图片与图片处理

一、插入图片

打开"插入"菜单，单击"图片"选项，单击"来自文件"命令，选择要插入的图片，单击"插入"按钮，图片就插入到文档中了。选中这个图片，界面中还会出现一个"图片工具栏"。

单击"图片"工具栏上的"插入图片"按钮，可以打开"插入图片"对话框，如图 4.10 所示。

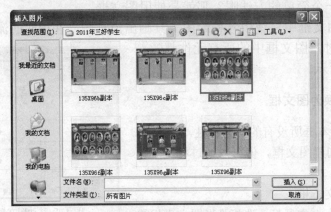

图 4.10 "插入图片"对话框

单击"图片"工具栏上的"插入图片"按钮，如图 4.11 所示，可以打开"插入图片"对话框。

图 4.11 "图片"工具栏—"插入图片"按钮

单击"绘图"工具栏上的"插入剪贴画"按钮，如图 4.12 所示，可以打开"插入剪贴画"对话框。

图 4.12 "绘图"工具栏—"插入剪贴画"按钮

二、图片的大小和位置

插入的图片周围有一些黑色的小正方形，称为尺寸句柄，将鼠标指针移到上面，鼠标指针就变成了双箭头的形状，按下鼠标左键拖动鼠标，就可以改变图片的大小。

裁剪：单击"图片"工具栏上的"裁剪"按钮，如图 4.13 所示，鼠标变成了"裁剪"按钮的形状，在图片的尺寸句柄上按下鼠标左键，等鼠标变成了移动光标的形状拖动鼠标，虚线框所到的地方就是图片的裁剪位置。不过这样拖动虚线一次移动的距离有些大，按住 Alt 键再拖，就可以平滑地改变虚线的位置了，松开鼠标左键，就把虚线框以外的部分"裁"掉了。

图 4.13　"图片"工具栏—"裁剪"按钮

三、图片的版式

单击"图片"工具栏上的"文字环绕"按钮，如图 4.14 所示，从弹出的菜单中选择"四周型环绕"，文字就在图片的周围排列了。

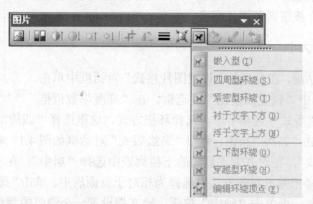

图 4.14　"图片"工具栏—"文字环绕"按钮

把鼠标指针移动到图片上，鼠标指针变成了一个移动光标的形状，按下鼠标左键进行拖动，文档中就出现了一个虚线框表示图片拖动到的位置，同样按住 Alt 键可以平滑地进行拖动。

把图片放置在文字的上面和下面的方法是：单击"图片"工具栏上的"文字环绕"按钮，单击弹出菜单中的"浮于文字上方"命令，图片则位于文字上方；单击"衬于文字下方"命令，图片则位于文字的下方。

刚才插入的图形都是矩形的，文字也就环绕着这个矩形排列。如果插入的图形是其他形状，让文字随图形的轮廓来排列会有更好的效果。选中图片，单击"图片"工具栏上的"文字环绕"按钮，单击"编辑环绕顶点"命令，在图片的周围出现了红色的虚线边框和 4 个句柄，这个虚线边框就是图片的文字环绕的依据。把鼠标指针移动到句柄上，按下左键拖动，可以改变句柄和框线的位置；在框线上按下鼠标左键并拖动，可以看到在鼠标所在的地方会添加一个句柄，这样调整边框到适当的位置。

单击"图片"工具栏上的"文字环绕"按钮，单击"编辑环绕顶点"命令，退出编辑顶点状态。

四、插入剪贴画

除了可以从文件中插入图片以外，Word 还为我们准备了一些剪贴画：打开"插入"菜单中的"图片"子菜单，单击"剪贴画"命令，打开"插入剪贴画"对话框，如图 4.15 所示。单击"搜索"按钮，在下面的列表框中列出了所有的剪贴画，单击其中的一项，可以看到选择的剪贴画已经插入到了文档中。

五、图像控制

1．调整图片和剪贴画的对比度、亮度等参数

选中插入的剪贴画，单击"图片"工具栏上的"图像控制"按钮，从弹出的菜单中选择"水印"；然后单击"增加对比度"按钮或单击"减小亮度"按钮调节图片亮度。

2．设置图片的大小

双击插入的剪贴画，在打开的"设置图片格式"对话框中单击

图 4.15 "插入剪贴画"对话框

"大小"选项卡，选中"锁定纵横比"复选框，在"高度"数值框中填入数字，单击"版式"选项卡中，选择环绕方式，这里选择"四周型"，如图 4.16 所示。

在图 4.16 中单击"高级"按钮，弹出"高级版式"对话框如图 4.17 所示。在"水平对齐"栏中选择"对齐方式"，在对齐方式后面的下拉列表中选择"居中"，在"相对于"下拉列表中选择"页面"。同样把垂直对齐方式也选择为相对于页面居中，单击"确定"按钮，回到"设置图片格式"对话框，再单击"确定"按钮，给文档设置一个漂亮的背景。

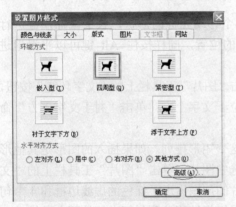

图 4.16 "设置图片格式"对话框

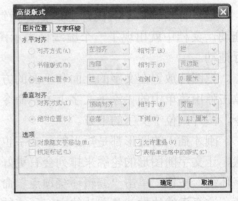

图 4.17 "高级版式"对话框

3．插入自选图形

单击常用工具栏中的"绘图"按钮，打开"绘图"工具栏；单击"绘图"工具栏中的"自

选图形"按钮，在弹出的菜单中选择需要的图形，按下鼠标左键拖动鼠标到合适的大小。

4．箭头的编辑和样式

单击"箭头"按钮，如图 4.18 所示，绘制一个横向的箭头。然后单击"绘图"按钮，单击"编辑顶点"命令，按住 Ctrl 键再单击箭头线的任意位置，可以添加一个顶点，拖动顶点移动可以变成其他的样式。单击"绘图"按钮，再单击"编辑顶点"命令，退出顶点编辑状态。

图 4.18　"箭头"按钮

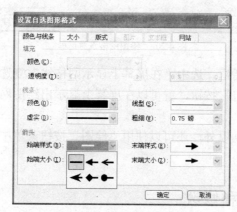

图 4.19　"设置自选图形"对话框

给箭头换样式的方法是：单击选中第一个箭头，然后按住 Shift 键单击其他的几个箭头并同时选中它们，单击"绘图"工具栏上的"箭头样式"按钮，如图 4.18 所示，选择"其他箭头"按钮，打开"设置自选图形格式"对话框，如图 4.19 所示，设置合适的箭头。

5．图形组合

选中图形，单击"绘图"按钮，打开"对齐或分布"子菜单，单击"水平居中"命令。然后，把这些线条组合起来，方法如下：单击"绘图"工具栏中的"选择对象"按钮，在文档中画一个虚线框将整个图形包括起来，松开鼠标左键，就可以选中整个图形。单击"绘图"按钮，单击"组合"命令，就把整个图组合成了一个图形。现在移动它们，可以看到移动的是整个图形。

下面介绍给图加上文字的方法。单击"绘图"按钮，单击"取消组合"命令，将当前的组合先去掉；单击图形外的任意位置，取消当前选择，用鼠标右键单击要加入文字的地方，从弹出的快捷菜单中选择"添加文字"命令，输入文字；选中其中的一个对象，单击"绘图"按钮，选择"重新组合"命令，这个图形就再次组合了起来。

六、绘图网格

我们知道在拖动图形时如果不按住 Alt 键是不能平滑拖动的，此时每次移动的距离是可以设置的：单击"绘图"按钮，在打开的菜单中选择"绘图网格"命令，打开"绘图网格"对话框，如图 4.20 所示，这里的"水平间距"、"垂直间距"控制着拖动的最小距离。清除"对象与网格对齐"复选框，单击"确定"按钮，这样在文档中绘制和拖动图形时就可以平滑进行了。

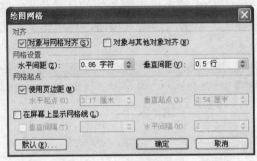

图 4.20 "绘图网格"对话框

打开"绘图网格"对话框，选中"在屏幕上显示网格线"复选框，注意调整水平和垂直网格线的间距，单击"确定"按钮，就可以在屏幕上显示出绘图网格线了，可以用它作为绘制图形的参考坐标。

图形除了使用鼠标拖动以外，还可以使用"绘图"按钮菜单中的"微移"子菜单来调整图形的位置。

七、曲线的绘制和修改

单击"绘图"工具栏中的"自选图形"按钮，单击"线条"选项，从弹出的面板中选择"曲线"按钮，在文档中单击鼠标左键确定曲线开始的位置，在预计的曲线第 2 个顶点处单击，拖动鼠标到预计的第 3 个顶点处单击，一直到最后一个顶点处双击鼠标，Word 默认绘制的是曲线而不是直线。单击"绘图"工具栏上的"线型"按钮，可以给曲线设置线型，单击"虚线线型"按钮，可以给曲线设置虚线线型，而使用"箭头样式"按钮则可以给非封闭曲线设置各种样式的箭头。

在曲线上单击鼠标右键，在弹出的快捷菜单中选择"编辑顶点"命令，如图 4.21 所示，就可以进入曲线的顶点编辑状态。此时在曲线上单击鼠标右键，在弹出的快捷菜单中可以选择添加顶点、退出顶点编辑等命令。在编辑顶点状态下，在线条上按下鼠标左键并拖动鼠标可以直接在鼠标所在处添加一个顶点，同时还改变了曲线的形状。

图 4.21 "编辑顶点"命令

在某段曲线上单击鼠标右键，在弹出的快捷菜单中选择"抻直弓形"命令，可以把该段曲线变为直线；在直线上单击鼠标右键，从弹出的快捷菜单中选择"曲线段"命令，可以把该线段变为曲线。

曲线的顶点有几种，在编辑顶点状态下，在曲线的顶点上单击鼠标右键，可以把顶点设置为自动顶点、平滑顶点、直线点和角部顶点 4 种类型。

八、图片的旋转

选中图形，单击"绘图"工具栏中的"自由旋转"按钮，文档中的图形上出现了绿色的圆点，将鼠标移到这些绿色的圆点上，按下左键后鼠标会变成一个旋转标记，此时拖动鼠标，就可以对图形进行旋转了。也可以选中图形，单击"绘图"工具栏上的"绘图"按钮，打开"旋转或翻转"子菜单，选择相应的选项来旋转图形，如图 4.22 所示。

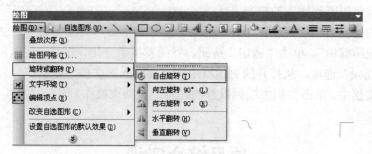

图 4.22 "旋转或翻转"菜单

任务四 其他图形对象

一、公式的输入

打开"插入"菜单，单击"对象"命令，弹出"对象"对话框。在"对象类型"列表框中选择"Microsoft 公式 3.0"，如图 4.23 所示。单击"确定"按钮，Word 的界面就变成了如图 4.24 所示的样子，这时就可以编辑公式了。

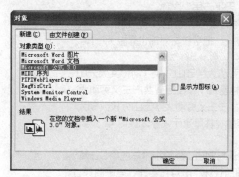

图 4.23 "对象"对话框

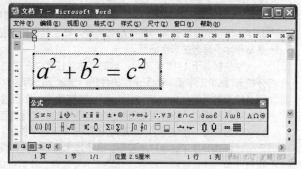

图 4.24 公式

二、插入声音和视频

打开"插入"菜单，单击"对象"命令，从"对象类型"列表中选择"声音文件"选项，选中"显示为图标"复选框。单击"确定"按钮，在文档中就插入了一个声音文件的图标，同时出现了 Windows 的录音机，如图 4.25 所示。

打开录音机的"编辑"菜单，单击"插入文件"命令，从弹出的对话框中选择要插入的文件，单击"打开"按钮。现在单击"录音机"的播放按钮，可以听到插入的声音；单击录音机的停止按钮，停止播放当前文件；单击录音机的关闭按钮，把录音机关闭。现在双击文档中的声音图标就可以听到插入的声音了。

图 4.25　插入声音

插入视频的操作也一样简单：打开"插入"菜单，单击"对象"命令，从"对象类型"列表中选择"视频剪辑"。单击"确定"按钮，界面发生了变化，打开"插入剪辑"菜单，单击"Windows 视频"选项，从打开的对话框中选择要插入的文件，单击"打开"按钮，把视频对象插入到文档中，单击文档中视频以外的任意位置结束操作。现在双击插入的视频剪辑，就可以进行播放了。

项目综合实训

一、实训素材

【样文 1】

江西省通用技术工程学校简介

　　江西省通用技术工程学校是一所省属国家级重点中等专业学校，全国职业教育先进单位，全国示范性计算机实训基地，江西绿化模范单位。学校隶属于江西省农垦事业管理办公室，位于江西省永修县境内云居山南麓，105 国道南浔路中段西侧，紧临昌九工业走廊，交通便利。云居山层峦迭嶂，云蒸霞蔚，有"冠世绝境，天上云居"之称。

　　学校背倚青山，校园绿树成荫，花坛、草坪、水池错落有致，环境优美，是花园式学校。教学生活设施及实验实习场所配套齐全，宽带互联网的接入，把学校与外部世界融为一体，是莘莘学子理想的求学场所。

　　学校创办于 1958 年 8 月，当时名称是江西共产主义劳动大学云山分校（简称共大云山分校），属半工半读、勤工俭学的性质，隶属于江西省农林垦殖厅和江西省共产主义劳动大学总校双重领导。1980 年 8 月，经省政府批准，江西省共产主义劳动大学云山分校改制为江西省农垦学校。为省属全日制中等专业学校，隶属江西省农林垦殖厅领导。1998 年 5 月，经省政府批准，学校更名为江西省通用技术工程学校。

　　学校现开设了机电技术应用、电子技术应用、模具设计与制造、数控技术与应用、计算机及应用、计算机网络技术、计算机信息管理、计算机辅助设计、电算化会计、电子商务、文秘、园林等十多个专业，在校学生 4000 多人。教职工 250 多人，其中高级讲师有 63 人，讲师 85 人，助理讲师 73 人，另有外聘中高级职称人员 40 多人，形成了一支以自己职工为基础的以中青年教师为骨干的梯形师资队伍。现任党委书记兼校长胡位淮。内设机构有办公室、财务科、总务科、学生科、保卫科、离退休人员管理科、招生就业指导办公室、教务科、机电工程科、信息工程科、财经管理科、成人教育科、团委、工会、校办实习厂等。

【图片1】

二、操作要求

打开【样文1】，按下列要求设置、编排文档的版面，结果如【样文2】所示。

① 页面设置：页边距为上、下各3厘米，左、右各3.5厘米。

② 艺术字：标题"江西省通用技术工程学校"设置为艺术字，艺术字式样为第4行第1列；字体为华文新魏；填充色为天蓝；形状为腰鼓；阴影为阴影样式17；环绕方式为浮于文字上方。

③ 分栏：将正文第一段设置为两栏格式，加分隔线。

④ 边框与底纹：为正文第二段设置底纹，图案式样为浅色网格，颜色为茶色；为第二段添加边框，线型为双点划线，颜色为鲜绿，线宽为1.25磅。

⑤ 图片：在样文2所示的位置插入图片1.gif，图片缩放为55%，环绕方式为四周型。

⑥ 尾注：为正文第三段第一行中的"云山分校"添加粗下划线，插入尾注：云山共大分校是江西共产主义劳动大学的第一分校，也是规模最大的分校。

⑦ 页眉和页脚：按样文2添加页眉文字和页码，并设置相应的格式。

三、实训结果

学校简介

江西省通用技术工程学校简介

江西省通用技术工程学校是一所省属国家级重点中等专业学校，全国职业教育先进单位，全国示范性计算机实训基地，江西绿化模范单位，学校隶属于江西省农垦事业管理办公室，位于江西省永修县境内云居山南麓，105国道南浔路中段西侧，紧临昌九工业走廊，交通便利。云居山层峦迭嶂，云蒸霞蔚，有"冠世绝境，天上云居"之称。

学校背倚青山，校园绿树成荫，花池、草坪、水池错落有致，环境优美，是花园式学校。教学生活设施及实验实习场所配置齐全。宽带互联网的接入，把学校与外部世界融为一体，是莘莘学子理想的求学场所。

学校创办于1958年8月，当时名称是江西共产主义劳动大学云山分校（简称共大云山分校），属半工半读、勤工俭学的性质，隶属于江西省农林垦殖厅和江西省共产主义劳动大学总校双重领导。1980年8月，经省政府批准，江西共产主义劳动大学云山分校改制为江西省农垦学校。为省属全日制中等专业学校，隶属江西省农林垦殖厅领导。1998年5月，经省政府批准，学校更名为江西省通用技术工程学校。

学校现开设全机电技术应用、电子技术应用、模具设计与制造、数控技术与应用、计算机及应用、计算机网络技术、计算机信息管理、计算机辅助设计、电算化会计、电子商务、文秘、园林等十多个专业，在校学生4000多人。教职工250多人，其中高级讲师有63人，讲师85人，助理讲师73人，另有外聘中高级职称人员40多人，形成了一支以自己职工为基础的以专青年教师为骨干的梯形师资队伍。现任党委书记蒙绘长胡竹虎。

内设机构有办公室、财务科、总务科、学生科、保卫科、离退休人员管理科、招生就业指导办公室、教务科、机电工程科、信息工程科、财经管理科、成人教育科、团委、工会、校办实习厂等。

云山共大分校是江西共产主义劳动大学的第一分校，也是规模最大的分校。

项目五 Excel 2003 工作簿操作

任务一 Excel 2003 基础知识

一、Excel 2003 启动与退出

1. 启动 Excel 2003 的几种方法

① 单击"开始"按钮，在弹出的开始菜单中将鼠标指针指向"程序"，再单击"程序"菜单中的"Microsoft Office"下的"Microsoft Office Excel 2003"，即可启动 Excel 2003。

② 如果在 Windows 桌面上有 Excel 2003 的快捷方式图标，用鼠标双击即可快速启动 Excel 2003。

③ 如果在 Windows 任务栏的快速启动栏上有 Excel 2003 的快速启动按钮，用鼠标单击即可快速启动 Excel 2003。

④ 在"我的电脑"或"资源管理器"中找到 Excel 2003 的应用程序文件，双击该文件名或对应的图标即可启动 Excel 2003。

2. 退出 Excel 2003 的几种方法

① 选择 Excel 2003 "文件／退出"菜单命令。

② 单击 Excel 2003 程序窗口右上角的关闭按钮。

③ 双击 Excel 2003 程序窗口左上角的控制菜单按钮。

④ 按 Alt+F4 组合键。

☎注意：如果在退出 Excel 2003 之前，未将所编辑的工作簿存盘保存，则在退出时会出现一个对话框，询问是否保存目前文档。单击"是"按钮，保存后退出；单击"否"按钮，则不保存退出。

二、新建和打开工作簿

1. 新建工作簿

启动 Excel 2003 时，如果没有指定要打开的工作簿，系统将自动创建一个名为"Book1"的新工作簿。此时，在该工作簿第一张工作表内的左上角有一个被粗线框起来的活动单元格，可在该单元格内输入与编辑内容。因此，在一般情况下，启动 Excel 2003 后无须再特意创建新的工作簿。

　　然而，有时用户可能需要另外创建一个新的工作簿，或者用自己喜欢的工作簿模板创建一个新工作簿，这时就可用以下的方法之一来创建，Excel 2003 将自动以"Book2"、"Book3"…的顺序给新创建的工作簿命名。

　　① 单击"常用"工具栏中的"新建"按钮，可创建一个名为"Book2"的新工作簿。

　　② 选择"文件／新建"菜单命令，在弹出的"新建"对话框中单击"常用"选项卡，再双击其中的"工作簿"图标即可。

2. 打开工作簿

● 打开多个工作簿窗口

Excel 2003 允许同时打开和处理多个工作簿。按照上述新建工作簿的方法新建了一个工作簿后，与此同时也就打开了一个相应的工作簿窗口。

此外，单击"常用"工具栏中的"打开"按钮或者选择"文件／打开"菜单命令，在弹出的"打开"对话框中选择并打开一个已有的工作簿文件，会打开一个相应的工作簿窗口。所有当前打开的工作簿窗口的文件名，都可以在"窗口"菜单的列表中看到，并且在 Windows 的任务栏上出现一个对应的按钮。

● 同一工作簿在多个窗口打开

将同一工作簿在多个不同的窗口内打开，可使用户同时看到同一个工作簿中不同的工作表或同一工作表中相距较远的不同部分，便于进行对照查阅或修改。其操作方法如下。

　　① 将该工作簿所在的窗口激活，使之成为当前窗口。

　　② 选择"窗口／新建窗口"菜单命令，屏幕上即刻增加一个显示同一工作簿内容的新窗口。如果再次选择"窗口／新建窗口"菜单命令，则将再增加一个显示同一工作簿内容的新窗口。

　　③ 选择"窗口／重排窗口"菜单命令，可将所有文档窗口同时显示在屏幕上。

三、Excel 2003 界面的介绍

　　启动 Excel 2003 后，会自动打开一个名为"Microsoft Excel-Book1"的窗口，如图 5.1 所示。

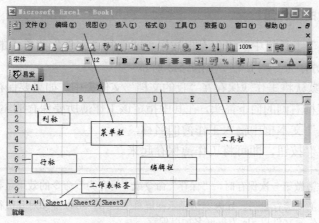

图 5.1　Excel 2003 工作簿窗口

Excel 2003 的工作簿窗口由以下几部分组成。

● 标题栏：位于窗口的顶部。其中有控制菜单按钮、程序名称、最大化按钮、最小化按钮及关闭按钮。

● 菜单栏：包含了 Excel 2003 的一组菜单命令，包括"文件"、"编辑"、"视图"、"插入"、"格式"、"工具"、"数据"、"窗口"、"帮助"等下拉菜单。用鼠标单击某个菜单项即可得到一个下拉菜单。此外，也可在按住 Alt 键的同时按一下某个菜单项右侧带下画线的字母来打开这个下拉菜单。

● 工具栏：工具栏由一些带图标的工具按钮组成。默认情况下，在菜单栏的下面有一个"常用"工具栏和一个"格式"工具栏。

● 编辑栏：工具栏下的空白长条为编辑栏，作为表格中当前单元格输入与编辑内容时的显示工作区。

● 名称框：编辑栏左端有一个名称框，用来显示表格中当前单元格或区域的名称，并可根据在输入的名称迅速找到指定的表格单元或区域。

● 工作表区：用于记录数据的区域。

● 滚动条：多数情况下，工作表的右侧有垂直滚动条，工作表下方有水平滚动条。用户可拖动滚动条内的滑块或单击其内的滚动箭头，来移动和查看工作表中其他区域内的数据。

● 拆分框：在垂直滚动条的上方与水平滚动条的右侧各有一个小条，称为拆分框。当鼠标指针移到其上时，鼠标指针将变为两个向外的箭头，此时拖动这个拆分框可将工作表窗口分为上、下或（和）左、右两个窗口。

● 状态栏：默认情况下，程序窗口底部有一个状态栏用来显示当前的工作状态。例如，其左端显示"就绪"，表明 Excel 2003 已准备好接收命令或输入数据；显示"编辑"，则表明正在对表格内容进行修改。状态栏右端还可反映一些键盘状态，如 num lock 或 capslock 接键是否按下等。

四、保存工作簿

1. 保存新创建的工作簿

① 单击"常用"工具栏中的"保存"按钮，或选择"文件"菜单中的"保存"或"另存为"命令，弹出"另存为"对话框。如图 5.2 所示。

② Excel 2003 默认将工作簿保存在"我的文档"文件夹中。如果要保存到其他位置，可单击"保存位置"列表框右侧的向下箭头，在其中指定该工作簿所要保存的驱动器名与文件夹名。

③ 在"文件名"文本框中输入工作簿的名称。

④ 单击"保存"按钮，即可将工作簿保存起来。

☎注意：在对新工作簿做第一次保存时，"保存"命令或"另存为"命令的效果是相同的，都将弹出"另存为"对话框。此外，工作簿存盘后，其内容仍显示在屏幕上，用户可以继续对其进行各种操作。在默认情况下，Excel 2003 的工作簿文件以.xls 为扩展名加以保存。

图 5.2　"另存为"对话框

2．再次保存工作簿

对于已经保存过的工作簿，再次单击"常用"工具栏中的"保存"按钮或选择"文件／保存"菜单命令，都不再出现"另存为"对话框，Excel 2003 将直接以原有的文件名保存到原来所在的驱动器和文件夹中。

3．工作簿"另存为"

选择"文件／另存为"菜单命令，并在弹出的"另存为"对话框中做以下设置：
- 在"文件名"框中输入新的文件名，即可将当前工作簿改名后另行保存；
- 在"保存位置"下拉列表中选择新的驱动器名或文件夹名，即可将当前工作簿另行保存到新的磁盘位置。
- 在"另存为"对话框中的"保存类型"下拉列表中选择新的文件类型，即可将当前工作簿文件另行保存为指定的文件类型。

☎ 提示：对于工作簿的保存还可以做一些特殊保存设置，如保存备份、保存为只读文件、设置打开权限密码和修改权限密码等。具体操作方法与在 Word 2003 中类似。此外，也可选择"文件／另存为 web 页"菜单命令，将工作簿另存为 html 文档。

五、多个工作簿之间的切换

如果要在打开的各工作簿窗口之间切换，只需单击任务栏上对应的按钮，或在"窗口"菜单的下拉菜单列表中选择相应的文件名，如图 5.3 所示。

图 5.3　单击任务栏对应按钮

若要同时显示已经打开的多个工作簿窗口，可选择"窗口／重排窗口"菜单命令，然后在弹出的对话框中选择"平铺"、"水平并排"、"垂直并排"或"叠层"等排列方式。此时看到的具有深色标题栏的窗口即为当前活动窗口，用户只能在活动窗口内操作。单击其他任意一个窗口的任意地方，都可以使该窗口成为活动窗口。

任务二　建立工作表

一、单元格的概念

表格中行与列的相交构成一个单元格，单元格是存储数据与该数据格式信息的基本单位。工作表中每个单元格的名称取决于其所处的行与列，指定某个单元格时，列号在前行号在后。例如，C8 表示第 3 列第 8 行的单元格。任何时候，工作表中都有一个用粗线框起来的单元格，被称为当前单元格或活动单元格，表示当前可以在此单元格中输入内容或编辑其中的内容。在活动单元格的右下角有一个小方块，叫做填充柄，利用这个填充柄可以用鼠标拖动的方法快速自动填充与该单元格相邻的某个区域的内容，如图 5.4 所示。

二、单元格的定位

要在工作表某个单元格中输入数据，首先应将其选定，使其成为活动单元格。一个工作表刚被打开时，其 A1 单元格被粗线边框包围，表明它为活动单元格，此时输入的数据就出现在此单元格中。为使其他单元格成为活动单元格，可用以下操作来对单元格进行定位。

1．用鼠标选定单元格

鼠标指针在单元格区域内移动时呈空十字形状，将此形状鼠标指针指向某个单元格单击，则该单元格即成为活动单元格，如图 5.5 所示。

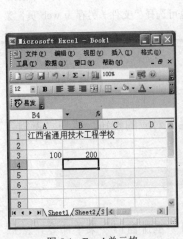

图 5.4　Excel 单元格

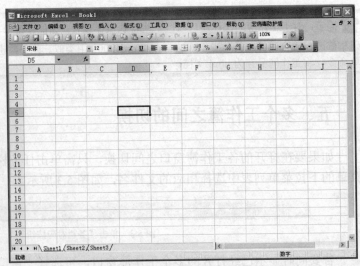

图 5.5　选定单元格

由于 Excel 2003 的工作表可由 256 列和 65 536 行组成，如果要定位的单元格没有出现在屏幕上，可利用工作表右侧的垂直滚动条或底部的水平滚动条，使其出现在工作表窗口内，然后再用鼠标单击所需的单元格。

2．用键盘定位单元格

许多时候用键盘定位单元格比用鼠标操作更为方便快捷。当利用键盘定位单元格时，通常可用箭头键或一些组合键。常用的单元格定位键及功能如表 5.1 所示。

表 5.1　　　　　　　　　　　　　　　常用的单元格定位键及功能

按　键	功　能
←	左移一个单元格
→	右移一个单元格
↑	上移一个单元格
↓	下移一个单元格
PageUp	上移一屏
PageDown	下移一屏
Home	移到当前行的第一个单元格
Ctrl+ ←	向左移到由空白单元格隔开的单元格
Ctrl+ →	向右移到由空白单元格隔开的单元格
Ctrl+↑	向上移到由空白单元格隔开的单元格
Ctrl+↓	向下移到由空白单元格隔开的单元格
Ctrl+Home	快速移到 A1 单元格
Ctrl+End	快速移到工作表中使用的最后一个单元格

三、单元格区域的选择

在工作表中移动、复制或删除数据，首先需要选定被操作的单元格或单元格区域。此外，要设置指定单元格或单元格区域内数据的格式，也必须先将它们选定。根据实际需要，有多种选择单元格区域的方法。

① 选择一个矩形区域：将鼠标指针指向要选择的区域的左上角单击，并按住鼠标左键拖动到要选择的区域的右下角，松开鼠标左键，鼠标扫过的区域即被选定而成反白显示。这时选定区域的第一个单元格仍保持正常显示，表明它为活动单元格，如图 5.6 所示。

② 选择不连续的几个区域：单击并拖动鼠标选定第一个区域，然后在按住 Ctrl 键的同时，再选择另一个区域。

③ 选择大范围的区域：单击要选择的区域的左

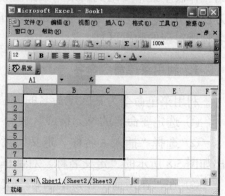

图 5.6　选定矩形区域

上角单元格，然后在按住 Shift 键的同时，再单击要选择区域右下角的单元格。或者单击要选择的区域的左上角单元格,然后按一下 F8 功能键,这时状态栏出现"扩展"字样表示已进入扩展模式,再单击要选择区域右下角的单元格。

④ 选择整行:单击工作表左侧要选择行的行号。

⑤ 选择整列:单击工作表上部要选择列的列标字母。

⑥ 选择整个工作表:单击工作表左上角行号与列标交叉处的全选按钮,或者按下 Ctrl+A 组合键。

⑦ 选择相邻的行或列:用鼠标拖动扫过相邻的行号或列标。

⑧ 选择不相邻的行或列:单击第一个行号或列标,然后在按住 Ctrl 键的同时,单击另一个行号或列标,如图 5.7 所示。

图 5.7　选定不相邻的列

四、单元格区域的命名

所谓工作表中的一个区域,小到可以仅是一个单元格,大到可以是整个工作表。用户可给工作表中经常要用到的某个数据区域定义一个直观的名称。这个名称即可在计算公式中被方便地引用。此外,这种名称还可以在"定位"命令中使用,以方便在工作簿中快速找到该名称所对应的数据区域。

1. 利用菜单命令命名

利用菜单命令为某区域命名的方法如下。

① 选定要命名的单元格或区域。

② 选择"插入 / 名称 / 定义"菜单命令,弹出如图 5.8 所示的"定义名称"对话框。

③ 在"在当前工作簿的名称"文本框中输入要命名的名称。

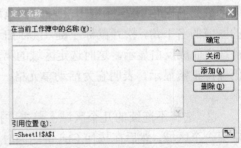

图 5.8　"定义名称"对话框

④ 单击"添加"按钮,该区域的名称即定义完毕。此时对话框仍未关闭,可以在工作表中另选一个区域,或在对话框底部的"引用位置"框中输入一个新的区域范围,继续为新指

定的区域定义一个名称。

⑤ 单击"确定"按钮，关闭对话框。

2．利用名称框命名

在 Excel 2003 窗口的编辑栏左侧有一个"名称"框，其中显示的是当前活动单元格的引用。如果当前选定的单元格或区域已命名，则在此"名称"框内就会显示其名称。若单击"名称"框右侧的向下小箭头，则可看到本工作簿中已经定义的所有名称，如图 5.9 所示。

利用这个"名称"框为选定的单元格区域命名的方法如下。

① 选定要命名的单元格或区域。

② 单击"名称"框，框中的内容即成深色显示，在其中输入一个想要为选定区域定义的名称，如图 5.9 所示。

③ 按 Enter 键。

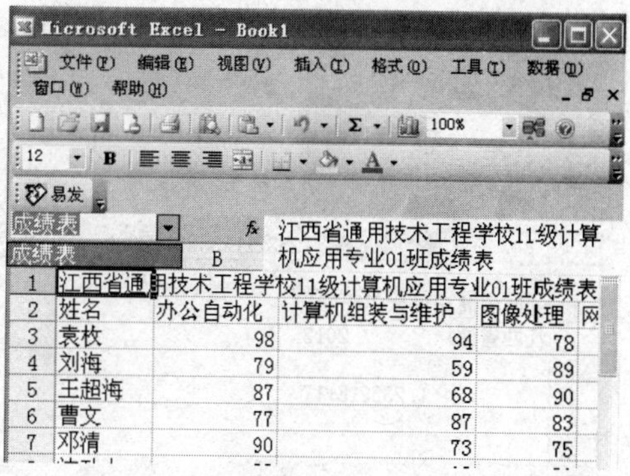

☎提示：用同样的方法，可以将已命名的区域改名。只需选定这个区域，然后单击"名称"框，再在其中输入一个新的名称即可。

图 5.9 利用名称框命名

五、在单元格中输入数据

Excel 2003 允许向单元格中输入文本、数值、日期与时间、计算公式等，且能自动判断用户所输入的数据是哪一种类型，并进行相应的处理。

可用多种方法向单元格内输入数据。

① 单击要输入数据的单元格，然后直接输入数据。

② 双击要输入数据的单元格，单元格内出现插入光标，然后输入或修改数据。

③ 单击要输入数据的单元格，然后单击编辑栏，在编辑栏中输入或修改数据。

进行输入时，键入的内容将同时出现在活动单元格和编辑栏中，用户可随时编辑键入的内容。单元格内容输入完毕后，可用以下方法之一加以确认并结束该单元格的输入操作。

① 按 Enter 键。

② 单击编辑栏左边的"输入"按钮。

③ 按键盘上的箭头键，确认本单元格输入并使下一个单元格成为活动单元格。

④ 按键盘上的 Tab 键，确认本单元格输入并使右侧一个单元格成为活动单元格。

⑤ 单击另一个单元格，确认本单元格输入并使另一个单元格成为活动单元格。

☎提示：若要取消本次输入操作，可单击编辑栏中的"取消"按钮或直接按 Esc 键。

1．输入文本

Excel 2003 的文本包括英文字母、汉字、数字、空格或其他可印刷的字符。有关文本的输入需说明以下几点。

① 默认情况下，单元格中已输入的文本内容自动沿单元格左侧对齐。在一个单元格中最多可输入 32 767 个字符。

② 当输入的文本超过了单元格的宽度时，会有两种情况：如果右侧相邻的单元格中没有任何数据，则超出的文本会延伸到右侧的单元格中去；如果右侧单远格中已有数据，则超出的文本不再显示，但实际输入的文本仍然存在，如图 5.10 所示。

③ Excel 2003 提供了自动记忆式文本输入功能。当需要在工作表同一列中输入相同文本时，可用此功能简化输入操作。例如，在上一个单元格输入"china"后，在下一个单元格只要输入一个字母"c"，Excel 2003 就自动填写好"china"。这时，若按 Enter 键或箭头键即可完成输入。如果不想采用自动填写的内容，只需继续输入即可。若要关闭"记忆式输入"功能，可选择"工具 / 选项"菜单命令，在弹出的对话框中单击"编辑"选项卡，清除其中的"记忆式键入"复选框，如图 5.11 所示。

图 5.10　输入文本与数据

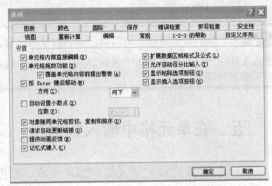

图 5.11　"记忆式键入"复选框

④ 选择列表是 Excel 2003 提供的一种在表格中输入重复文本的方法。利用它可以从当前列已经输入的文本中选择需要的一个自动输入当前单元格。要利用"选择列表"功能，只需用鼠标右键单击已有文本输入的某一列中需要输入内容的空白单元格，在弹出的快捷菜单中选择"选择列表"命令，此时，Excel 2003 就会显示一个输入列表，其中包含该列中每一个已经输入的不同的文本内容，用户只需从中选择所需的一个即可自动完成输入。

☎提示：若需要将输入的数字作为文本，如需要输入电话号码或各种编号时，可在输入的数字前加上一个撇号"'"作为前导符号，Excel 2003 会自动将其作为文本处理。

2. 输入数字

Excel 2003 将把输入的数字作为数值常量处理，并自动沿单元格右侧对齐。作为数字输入的内容只能是以下字符：

0 1 2 3 4 5 6 7 8 9 ＋ － （ ） / $ %.e

有关数字的输入需说明以下几点。

① 若输入一个正数，在数字前有或者没有加号都可以。若要输入一个负数，除了可在数字前加一个负号外，还可以将数字置于括号内。例如，键入"-10"或"（10）"的结果是一样的。

② 若要输入分数，如输入"1/2"，应先键入一个数字"0"和一个空格，然后再键入"1/2"，否则 Excel 2003 将认为输入的是"1 月 2 日"。

③ 如果输入的数字以百分号结束，该单元格将采用百分号格式。例如，输入"25％"，在单元格中与在编辑栏中都显示为"25％"。

④ Excel 2003 允许输入用科学记数法表示的数，用字母 e 或 e 代表 10 的指数。例如，用 1.03E9 代表 1 030 000 000。

⑤ 当输入的数字位数超过单位格宽度时，单元格中将显示用科学记数法表示的数，或者用"#"号填满整个单元格表示单元格列宽不够，但实际输入的数字仍然存在，如图 5.10 所示。

3．输入日期和时间

在 Excel 2003 中，工作表中日期与时间的显示方式取决于单元格所设定的日期和时间格式。如果 Excel 2003 识别出所键入的内容是日期或时间，则以内部的日期或时间格式处理；如果不能识别，则作为文本处理。

输入日期和时间的几点说明如下。

① 可以用多种格式来输入一个日期。例如，要输入 2004 年 5 月 1 日，可按"04-5-1"、"04／5／1"、"1-May-04"或"5-1-04"任意一种格式输入。单元格的显示格式取决于当前单元格所设定的日期格式，但在编辑栏中显示的总是"2004-5-1"。

② 可以用多种格式来输入一个时间。例如，可按"13∶45"、"13∶45∶50"、"1∶45PM"或"1∶45∶50PM"任意一种格式输入。

③ 如果要以 12 小时制输入时间，可在时间后加上一个空格再输入"AM"或"PM"。例如，输入"5.18PM"表示下午 5 点 18 分。

④ 如果要在同一个单元格中输入日期和时间，中间需要用空格隔开。此外，用户还可以用 Excel 2003 提供的各种日期与时间函数来输入日期与时间。

4．修改数据

对已输入到单元格中的数据进行修改，有以下多种方法。

① 单击要修改内容的单元格，使其成为活动单元格。然后输入新的内容覆盖原有内容，按 Enter 键完成修改。

② 双击要修改内容的单元格，插入点光标将出现在此单元格中，然后即可用左右箭头键移动插入点，并进行插入、删除等修改。

③ 选定要修改内容的单元格，使其成为活动单元格，然后按 F2 功能键，则插入点光标出现在此单元格中，即可进行修改。

④ 单击要修改内容的单元格，该单元格的内容即显示在编辑栏中，用鼠标单击编辑栏，即可在编辑栏中修改该单元格中的内容。

六、设置数据的有效范围

有效数据是 Excel 非常方便使用的一项功能。用户可以实现设置某单元格允许输入的数据类型、数据输入范围，并且可以设置有效数据的输入提示信息和输入错误的信息。设置有效数据使得用户对将要输入的数据的类型和范围一目了然,减少填写表格时可能发生的错误。

1. 定义数据的有效范围

① 选定单元格区域后,选择"数据"菜单中的"有效性"命令。

② 在弹出的"数据有效性"对话框中,单击"设置"选项卡,如图 5.12 所示。

③ 在"允许"的下拉列表中指定数据类型。可供选择的数据类型有任何值、整数、小数、序列、日期、文本长度和自定义,其中自定义允许用户指定一个公式。

④ 在"数据"下拉列表中指定数据限制条件。数据限制条件有介入、并非介于、等于、不等于、大于、大于或等于、小于、小于或等于。

⑤ 在"最小值"和"最大值"输入框中输相应的数值,单击"确定"按钮,数据的有效范围定义完毕。

2. 设置提示输入信息

① 在"数据有效性"对话框中,单击"输入信息"选项卡,如图 5.13 所示。

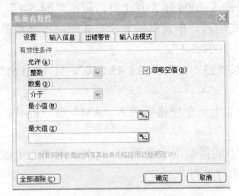

图 5.12 设置数据的有效范围

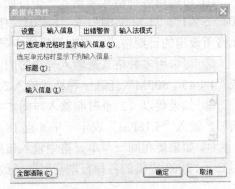

图 5.13 设置输入提示信息

② 选中"选定单元格时显示输入信息"复选框,在"标题"文本框输入提示信息的标题,在"输入信息"列表框中输入详细的提示信息。

③ 单击"确定"按钮完成设置。

3. 设置输入错误时的提示信息

① 在"数据有效性"对话框中,单击"出错警告"选项卡,如图 5.14 所示。

② 选中"输入无效数据时显示警告信息"复选框,在"样式"下拉列表中选择对错误的处理方式。处理方式有 3 种:停止、警告和信息。如果选择"停止",则用户必须输入符合条件的数值。

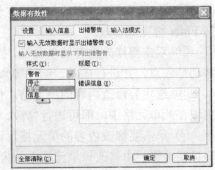

图 5.14 设置出错警告信息

③ 在"标题"文本框中输入提示信息的标题,在"出错信息"列表框中输入出错信息的内容。

④ 单击"确定"按钮完成设置。

如果按以上方法对某一单元格进行了设置，则在输入时显示输入提示信息，如图 5.15 所示。

如果输入正确，则不显示任何提示信息；否则会出现错误提示信息，如图 5.16 所示。

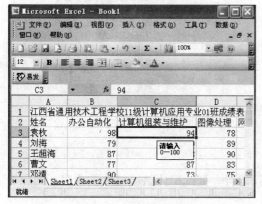

图 5.15　显示输入提示信息

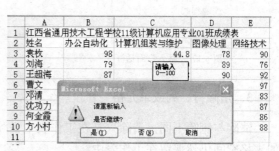

图 5.16　错误提示信息

任务三　编辑工作表

一、行、列或单元格的插入与删除

1. 插入行、列或单元格

① 插入行：选定要插入新行位置的下面一行，然后选择"插入 / 行"菜单命令，则会在所选行之前插入一个空行。

② 插入列：在表格中要插入新列位置的右面选定一列，然后选择"插入 / 列"菜单命令，则会在所选列之前插入一个空列。

③ 插入单元格：在工作表中要插入新单元格的位置选定一个单元格或一个区域，选择"插入 / 单元格"菜单命令，在弹出的"插入"对话框中，根据需要选择"活动单元格右移"、"活动单元格下移"、"整行"或"整列"中的一种插入方式，然后单击"确定"按钮。"插入"对话框如图 5.17 所示。

2. 删除行、列或单元格

① 删除行：单击要删除行的行号将该行选定，然后选择"编辑 / 删除"菜单命令，则选定行被删除，后续行的行号将自动作出相应的调整。

② 删除列：单击要删除列的列标将该列选定，然后选择"编辑 / 删除"菜单命令。则选定列被删除，后续列的列标将自动作出相应的调整。

③ 删除单元格：在工作表中选定要删除的一个单元格或一个区域，选择"编辑 / 删除"菜单命令，在弹出的"删除"对话框中，根据需要选择"右侧单元格左移"、"下方单元格上

移"、"整行"或"整列"中的一种删除方式，然后单击"确定"按钮。"删除"对话框如图 5.18 所示。

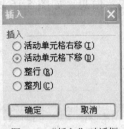

图 5.17 "插入"对话框

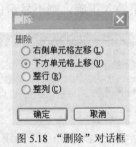

图 5.18 "删除"对话框

3．清除行、列或单元格

清除与删除不同，清除只是在工作表中去除指定行、列或单元格区域中的内容，而原有的表格空间仍然保留在工作表中。

要在工作表中清除行、列或单元格中的内容，可选定要清除的行、列或单元格区域，然后按 Delete 键，将选定区域的内容清除。此外，也可以利用"编辑"菜单中的"清除"命令进行有选择地清除，方法如下。

① 选定要清除的行、列或单元格区域。

② 选择"编辑／清除"菜单命令，出现其级联菜单，如图 5.19 所示。

③ 若选择"全部"，则将清除选中区域中的内容、格式和批注。

④ 若选择"格式"，仅清除选中区域中的数据格式，而保留数据内容与批注。

⑤ 若选择"内容"，仅清除选中区域中的内容，而保留数据格式。

⑥ 若选择"批注"，仅清除选中区域中的批注信息。

二、移动、复制和粘贴

1．利用鼠标拖动

如果是在短距离内移动或复制数据，可使用鼠标拖动的方法。

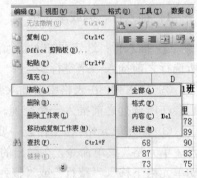

图 5.19 "清除"命令的级联菜单

① 选择要移动或复制的单元格区域。

② 将鼠标指针置于被选择区域的边框上，当鼠标指针变成指向上方的倾斜空心箭头时，按住鼠标左键进行拖动。

③ 此时，会有一个与选定区域同样大小的虚线框随之移动，当此虚线框到达目标位置时，松开鼠标左键，即可将选定的区域移动到目标位置，如图 5.20 所示。

④ 如果在鼠标拖动的同时，按住 Ctrl 键，则选定区域的数据被复制到目标区域。

☎提示：若目标单元格区域为非空白区域，则松开鼠标左键后 Excel 2003 将询问"是否替换目标单元格内容"。选择"确定"，目标区域原有的数据将被源区域的数据所覆盖；选择"取消"，则取消本次移动或复制操作。

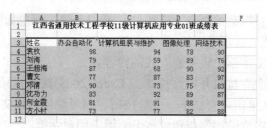

图 5.20 用鼠标移动选定区域

2．利用剪贴板移动或复制

使用剪贴板操作，可以实现单元格区域内的数据远距离地移动或复制，甚至可将选定的内容移动或复制到另一个工作表或工作簿中，操作方法如下。

① 选择要移动或复制的单元格区域。

② 如果想要移动，可单击"常用"工具栏中的"剪切"按钮，或选择"编辑／剪切"菜单命令，或按 Ctrl+X 组合键，则选定区域内的数据被删除并被放置到剪贴板中。

③ 如果想要复制，可单击"常用"工具栏中的"复制"按钮，或选择"编辑／复制"菜单命令，或按 Ctrl+C 组合键，则选定区域内的数据被复制到剪贴板中。

④ 选择目标单元格区域，通常只需选定目标区域的第一个单元格。目标区域可以是在同一个工作表内，或者在另一个工作表内，甚至在另一个工作簿内。

⑤ 单击"常用"工具栏的"粘贴"按钮，或选择"编辑／粘贴"菜单命令，或按 Ctrl+V 组合键，完成移动或复制操作。

3．行与列的移动或复制

整行的内容或整列的内容可以在工作表内进行移动或复制，下面以整列内容的移动或复制为例，具体操作步骤如下。

① 单击被移动或复制列的列标，该列被选中呈反白显示。

② 若要移动，可单击"常用"工具栏中的"剪切"按钮，或选择"编辑／剪切"菜单命令，此时该列外围出现一个闪动的虚线框。

③ 若要复制，可单击"常用"工具栏中的"复制"按钮，或选择"编辑／复制"菜单命令，此时该列外围出现一个闪动的虚线框。

④ 单击要移动到或复制到的目标位置列标，该列被选中呈反白显示。

⑤ 如果想要移动，可选择"插入／剪切单元格"菜单命令，此时源列不复存在，而被移动并插入到当前被选中列的前面。

⑥ 如果想要复制，则可选择"插入／复制单元格"菜单命令，此时源列仍然存在，并被复制后插入到当前被选中列的前面。

三、查找与替换

1．查找文本

要在文档中查找特定的文本，可以按照下列步骤进行。

① 选择"编辑 / 查找"菜单命令，或按 Ctrl+F 组合键，弹出如图 5.21 所示的"查找和替换"对话框及其"查找"选项卡。

② 在"查找内容"文本框中输入要查找的内容。

③ 单击"查找下一个"按钮开始查找。当 Excel 2003 找到相区配的内容时，将会反白显示出找到的文本。再次单击"查找下一个"按钮，则可继续查找文档中的相同内容。

④ 查找完毕后，单击"关闭"按钮或按 Esc 键关闭对话框。

📞提示："查找和替换"对话框关闭后，若还需要继续查找相同的内容，可直接在编辑过程中按 Shift + F4 组合键进行查找搜索。

2．替换文本

替换文本是在查找文本的基础上，将找到的特定文本替换为想要的文本。如果要替换文本，可以按照下列步骤进行。

① 选择"编辑 / 替换"菜单命令，或直接按 Ctrl+H 组合键，弹出如图 5.22 所示的"查找和替换"对话框及其"替换"选项卡。

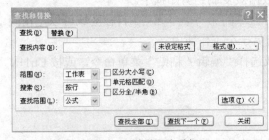

图 5.21 "查找"选项卡　　　　　　图 5.22 "替换"选项卡

② 在"查找内容"文本框中输入要查找的内容。

③ 在"替换为"文本框中输入要替换为的新内容。

④ 单击"查找下一个"按钮开始查找。待找到指定的内容后，单击"替换"按钮则替换该处内容，并继续进行查找。

⑤ 若单击"全部替换"按钮，则一次性完成所有的替换。

四、单元格批注

在 Excel 2003 中，可以给单元格添加批注，即可给单元格添加一些说明性的文字，便于更好地理解单元格的内容。

1．添加单元格批注

给单元格添加批注的操作步骤如下。

① 选中要添加批注的单元格。

② 选择"插入 / 批注"菜单命令，或用鼠标右键单击要添加批注的单元格，在弹出的快

捷菜单中选择"插入批注"菜单命令。

③ 在弹出的批注编辑框中输入批注的具体文本，如图 5.23 所示。

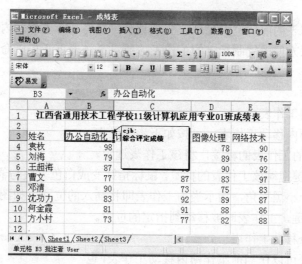

图 5.23 添加批注

④ 单击批注编辑框以外的工作区域，完成批注的添加。此时，该单元格的右上角将出现一个红色的小三角。

2．查看、修改或删除批注

若要查看单元格中批注的内容，可将鼠标指针指向该单元格，屏幕上即刻弹出该单元格的批注内容框。鼠标指针移开后，该批注内容框随即消失。

若要同时查看工作表中的所有批注并直接对批注进行修改，可进行下列步骤操作。

① 选择"视图／批注"菜单命令，则当前工作表中的所有单元格批注都会显示出来，同时在屏幕上还会出现一个"审阅"工具栏，如图 5.24 所示。

图 5.24 "审阅"工具栏

② 单击"审阅"工具栏中的"下一批注"按钮，可顺序查看下一批注；单击"审阅"工具栏中的"前一批注"按钮，可顺序查看前一批注。

③ 选择一个没有批注的单元格，单击"审阅"工具栏中的"新批注"按钮，可给该单元格添加批注。

④ 选择一个已有批注的单元格，单击"审阅"工具栏中的"编辑批注"按钮，可修改该单元格中的批注。

⑤ 选择一个已有批注的单元格，单击"审阅"工具栏中的"删除批注"按钮，可删除该单元格中的批注。

⑥ 要隐藏工作表中的所有批注，可单击"审阅"工具栏中的"隐藏所有批注"按钮。

五、移动、复制与重命名工作表

工作簿内各工作表的前后位置允许改变，甚至可以将某个工作簿内的工作表移动到另一个工作簿中；也可以方便地复制指定的工作表，或对工作表重新加以命名。

1．移动工作表

（1）用鼠标移动工作表

若在当前工作簿内移动工作表，可按如下步骤操作。

① 单击要移动的工作表的标签，将该工作表选定。

② 按住鼠标左键拖动该工作表的标签，鼠标指针变成白色方块与箭头的组合，同时在标签行的上方出现一个小黑三角，指示当前工作表即将插入的位置，如图 5.25 所示。

③ 松开鼠标左键，工作表即被移动到指定的位置。

（2）用菜单命令移动工作表

利用菜单命令既可以在当前工作簿内移动工作表，也可在工作簿之间移动工作表，具体操作步骤如下。

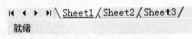

图 5.25　移动工作表

① 单击要移动的工作表的标签，将该工作表选定。

② 选择"编辑／移动或复制工作表"菜单命令，弹出"移动或复制工作表"对话框，如图 5.26 所示。

③ 如果要在工作簿之间移动工作表，可在对话框中的"工作簿"列表框中选择用来接收工作表的目标工作簿（目标工作簿应该事先打开）。如果要把工作表移动到一个新的工作簿中，可以从下拉列表框中选择"新工作簿"，如图 5.27 所示。

图 5.26　"移动或复制工作表"对话框

图 5.27　移动到其他工作簿

④ 在"下列选定工作表之前"列表框中选择要在其前插入工作表的工作表。

⑤ 单击"确定"按钮，即可将选定的工作表移动到指定的位置。

2．复制工作表

（1）用鼠标复制工作表

若在当前工作簿内复制工作表，可按如下步骤操作。

　① 单击要复制的工作表的标签，将该工作表选定。

　② 按住 Ctrl 键的同时按住鼠标左键拖动该工作表的标签，鼠标指针变成白色带加号的方块与箭头的组合，同时在标签行的上方出现一个小黑三角，指示当前工作表即将复制到的位置。

　③ 松开鼠标左键，工作表即被复制并插入到指定的位置。

　说明：复制得到的工作表其标签上的名称与原工作表同名，只是多了一个编号。例如，由 Sheet1 复制得到的工作表自动命名为 Sheet 1（2）。

　（2）用菜单命令复制工作表

　若要在工作簿之间复制工作表，可按如下步骤操作。

　① 单击要复制的源工作表的标签，将该工作表选定。

　② 选择"编辑／移动或复制工作表"菜单命令，弹出"移动或复制工作表"对话框。

　③ 在其中的"工作簿"下拉列表中选择用来接收工作表的目标工作簿。

　④ 在其中的"下列选定工作表之前"列表框中选择要在其前插入工作表的工作表。

　⑤ 在对话框的底部选中"建立副本"复选框，如图 5.26 所示。

　⑥ 单击"确定"按钮，即可将选定的工作表复制到指定的位置。

3．重命名工作表

　创建一个新的工作簿时，所有的工作表均以 Sheet 1、Sheet 2、Sheet 3 等命名，往往不能反映工作表内的实际情况，需要重新命名。更改工作表名称的方法如下。

　① 双击要改名的工作表的标签，此时标签上的名称呈反白显示。

　② 在反白显示的标签上输入新的名称，然后按 Enter 键即可，如图 5.28 所示。

　说明：也可用鼠标右键单击要改名的工作表的标签，在弹出的快捷菜单中选择"重命名"命令。其余的操作与上述相同。

六、保护工作表与工作簿

图 5.28　命名工作表

　保护工作表可以防止别人更改工作表的内容，工作表中的项目，以及工作表或其图表中图形对象。而工作簿经保护后，其结构和（或）窗口便不能加以修改。

1．保护工作表

　保护工作表的具体方法如下。

　① 单击要予以保护的工作表标签，将该工作表选定。

　② 选择"工具／保护／保护工作表"菜单命令，弹出"保护工作表"对话框，如图 5.29 所示。

　③ 选定保护项：若选中"内容"复选框，可保护工作表的单元格内容和图表项目；若选中"对象"复选框，可以防止工作表或图表中的图形对象被修改；若选中"方案"复选框，可保护工作表中定义的方案。

　④ 为防止他人去除工作表的保护，可在"密码"文本框中输入密码并再次确认。

　⑤ 单击"确定"按钮，关闭对话框。

☎提示：工作表保护后，就不能输入与修改其中的内容了。若要撤销工作表的保护，可在选中该工作表后，选择"工具／保护／撤销工作表保护"菜单命令，并根据需要输入正确的密码。

2．保护工作簿

保护工作簿可选择保护结构或保护窗口。保护结构可以防止工作簿的结构被更改，使工作簿中的工作表不能被删除、移动、隐藏或重新命名，并使新工作表不能插入其他内容。保护窗口，则可使工作簿窗口不能被移动和调整大小。

保护工作簿与保护工作表的操作类似，即只需选择"工具／保护／保护工作簿"菜单命令，在弹出的"保护工作簿"对话框中，根据需要选定保护项"结构"和（或）"窗口"，然后输入密码并加以确认，如图 5.30 所示。

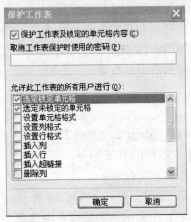

图 5.29 "保护工作表"对话框

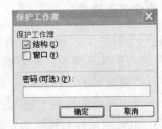

图 5.30 保护工作簿

任务四　设置工作表格式

当一个电子表格中的数据被输入后，这个电子表格就算建立了，当然刚建立的这个电子表格不一定美观、漂亮，不一定完全符合我们的要求。这时可以利用 Excel 提供的功能，通过对表格外观参数的设置、调整，美化工作表，使电子表格不仅有详实的内容，而且还有庄重、漂亮的外观，更有效地显示数据内容。

一、设置工作表的行高与列宽

在工作表上工作时，为了满足设计要求，可以随时调整每行的高度和每列的宽度，前者称为行高，后者称为列宽。

1．调整行高

① 将鼠标放在想要调整行高的行号下边线上。

② 当鼠标指针变为上下的双向箭头时，按下鼠标左键向上或向下拖动，则减小行高或增

加行高，拖动时显示当前行的高度，如图 5.31 所示。

图 5.31 调整行高

③ 当行高符合需要时，松开鼠标左键即可。

还可以选中想要调整高度的行，选择"格式"菜单中的"行"，从级联菜单中选择"行高"命令，出现如图 5.32 所示的对话框，从文本框中输入行高。

2．调整列宽

① 将鼠标放在想要调整列宽的列号右边线上。

② 当鼠标指针变为左右的双向箭头时，按下鼠标左键向左或向右拖动，则减小列宽或增加列宽，拖动时显示当前列的宽度。

③ 当列宽符合需要时，松开鼠标左键即可。

还可以选中想要调整宽度的列，选择"格式"菜单中的"列"，从级联菜单中选择"列宽"命令，出现如图 5.33 所示的对话框，从文本框中输入列宽。

3．隐藏行与列

在一张表上做某种工作时，有时可能希望有些行与列显示出来或不要打印出来，这种处理称为"隐藏行"或"隐藏列"。所谓隐藏，其实是把行宽或列高设置为"0"，从而使行或列不显示出来。

① 选中想要隐藏的行或列。

② 选择"格式"菜单中的"行"或"列"菜单项，从级联菜单选择"隐藏"命令，即可隐藏选定的行与列，如图 5.34 所示。

图 5.32 "行高"对话框

图 5.33 "列宽"对话框

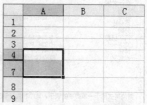

图 5.34 隐藏的行

取消隐藏的方法如下：

从显示出来的行标题与列标题可以看出被隐藏的行号与列号。选中被隐藏的区域，如隐藏的是第 5 行和第 6 行，则选中第 4 行与第 7 行，然后选择"格式"菜单中的"行"或"列"菜单项，从级联菜单中选择"取消隐藏"命令。也可以将鼠标置于隐藏行或列标题处，当鼠标指针变为←‖→形状时，按下鼠标左键，拖至隐藏的行或列完全显示为止。

二、单元格的格式设置

对于表格中的有些内容，如表格的标题，希望它能更醒目、更直观地表现出来，这就需要对工作表中的单元格进行格式设置。设置单元格格式包括设置单元格字体、数字类型、文本对齐方式、单元格边框及图案等。

1. 设置数字格式

在单元格中输入数据后，Excel 以它默认的形式显示出来，如果用户不满意的话，可以进行修改。

① 选中改变数据显示格式的单元格区域。

② 选择"格式"菜单中的"单元格"命令，出现"单元格格式"对话框，单击"数字"选项卡，如图 5.35 所示。

③ 在"分类"列表框中选择类别，如选择"数值"。

④ 在"示例"框中显示数据的实际显示形式。在"示例"框下面，一般有若干选项，供用户从中选择。用户在指定某一项后，可从示例框中观察效果，如果符合需要，则单击"确定"按钮，否则重新指定。

2. 设置单元格字体

设置单元格字体可以使单元的内容更加直观、条理清晰。设置单元格字体包括设置字体、字形、字号、颜色等。

① 选择想要设置字体的单元格区域。

② 选择"格式"菜单中的"单元格"命令，出现"单元格格式"对话框，然后单击"字体"选项卡，如图 5.36 所示。

图 5.35　设置单元格的数字格式

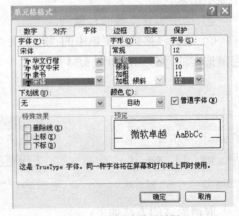

图 5.36　设置字体对话框

③ 在"字体"列表框中选择需要的字体，如"楷体"。

④ 在"字形"列表框中选择所要的字形，如"倾斜"。

⑤ 在"字号"列表框中设置字的大小，如"12"。字号增大后，单元格所在的行高自动增加。

⑥ 如果需要设置下划线，则在"下划线"下拉列表中选择所需下划线。

⑦ 若要改变字符的色，单击"颜色"下拉列表中选择所需颜色。

⑧ 在"预览"框中，查看显示的示例是否符合要求，若符合，则单击"确定"命令按钮

完成设置。

3．对齐与旋转

输入到单元格中的数据，如果没有另外指定格式，则文字自动"左对齐"，数值或日期自动"右对齐"。Excel 允许用户改变对齐方式，例如，在 A1 单元格中输入表格的标题，表格占用第 A 列至第 E 列，如果希望标题在第一行的中间，也就是在 A 列到 E 列的中间，这时需要合并单元格。另外在一些特殊场合中，需要改变文字的旋转方向。这些要求都可以通过设置单元格的对齐方式来完成。

① 选定想要设置对齐方式的单元格区域。

② 选择"格式"菜单中的"单元格"命令，出现"单元格格式"对话框，单击"对齐"选项卡，如图 5.37 所示。

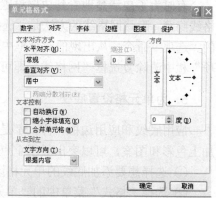

③ 在"水平对齐"的下拉列表中任选一项，确定水平方向对齐方式。

④ 在"垂直对齐"的下拉列表中任选一项，确定垂直方向对齐方式。

⑤ 在"方向"选择框中，指定文字的旋转角度。

⑥ 单击"确定"按钮。

- "自动换行"复选框的功能是：当单元格中数据的宽度超过列宽时，数据自动折行显示，行高自动增加，在自动换行功能未设置时，可以按下 Alt+Enter 组合键强制换行。

图 5.37 设置单元格的对齐方式

- "缩小字体填充"复选框的功能是：缩减单元格中字符的大小，使数据调整到与列宽一致。如果改变列宽，字符大小自动调整，但所设置的字号不变。
- "合并单元格"复选框的功能是：将两个或两个以上的单元格合并成一个单元格，单元格可以是水平方向的，也可以是垂直方向的，或者兼而有之。如果选定的欲合并的单元格区域中有多个单元格包含数值，则合并时出现警告信息"合并后，只保留左上角的数据"。

"合并单元格"与水平对齐中的"跨列居中"是不同的，在对数据进行跨列居中操作后，表面上看与合并单元格效果是一样的，但实际上每个单元格仍是独立的，可以单独操作。

4．设置表格边框

Excel 在启动后，呈现在用户面前的是一张带网格线的大表。用户在这张大表的基础上建立自己的表格，这些网格线在打印表格时并不能打印出来，但在一般情况下，用户在打印工作表或突出显示某些单元格时，都需要添加一些边框以使工作表更美观和容易阅读。用户可在单元格的四周加上边框，或在某些单元格下面加双线等以产生更强的视觉效果。设置表格边框的操作步骤如下。

① 选择想要添加边框的单元格区域。

② 选择"格式"菜单中的"单元格"命令，出现"单元格格式"对话框，单击"边框"选项卡，如图 5.38 所示。

③ 在"线条"框内选择所需要的边框线的样式与颜色。

④ 在"预置"选择框中：

● 单击"无"按钮，删除所选单元格的边框；

● 单击"外边框"按钮，设置所选单元格区域的外边框；

● 单击"内部"按钮，设置所选单元格区域的内部格线。

⑤ 若要添加或删除边框线，可以单击"边框"下相应的按钮，在预览框中查看边框应用效果。

⑥ 当符合要求后，单击"确定"按钮。

有时为了更清楚地看到边框设置的效果，需要将网格线隐藏。隐藏网格线的方法是：选择"工具"菜单中

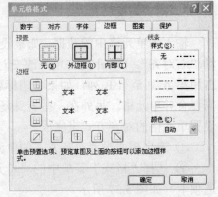

图 5.38　设置表格边框

的"选项"命令，从出现的对话框中选择"视图"选项卡，如图 5.39 所示，然后从"窗口选项"栏中清除复选框"网格线"即可。

5．为单元格设置底纹

应用底纹和应用边框一样，都是为了对工作表进行形象设计。使用底纹对特定的单元格加上色彩和图案，可以突出显示重点内容，层次分明。

① 选择想要添加底纹的单元格区域。

② 选择"格式"菜单中的"单元格"命令，出现"单元格格式"对话框，单击"图案"选项卡，如图 5.40 所示。

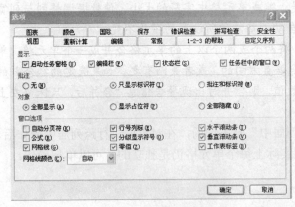

图 5.39　隐藏网格线

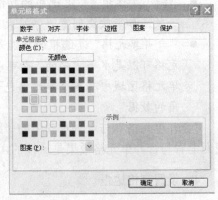

图 5.40　为单元格设置色彩和图案

③ 在"单元格底纹"栏的"颜色"列表中选择所需的颜色。

④ 在"图案"下拉列表中选择所需的图案样式和颜色。

⑤ 在"示例"框中观察效果，感到满意后，单击"确定"按钮。

三、自动套用格式

Excel 2000 内置大量的工作表格式，这些格式中组合了数字、字体、对齐方式、边框、

列宽、行高等属性。用户可以利用这些自动化格式制作出美观的工作表。

① 选择想要格式化的单元格区域。

② 单击"格式"菜单中的"自动套用格式"命令，打开如图 5.41 所示的对话框。

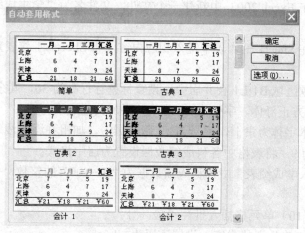

图 5.41 "自动套用格式"对话框

③ 单击需要自动套用的格式。

④ 单击"确定"按钮。

Excel 在打开此对话框时并不显示"应用格式种类"，单击"选项"按钮后才显示，如果只想使用自动套用格式中的部分格式，可以清除不需用格式的复选框。

项目综合实训

一、实训素材

【样文 1】

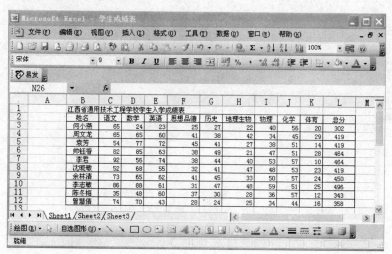

二、操作要求

① 新建文件：在 Excel 2003 中新建一个文件，文件名为"学生成绩表.xls"，保存到自己的文件夹中。

② 按照样文 1 在 Sheet1 工作表中键入相应内容，将 Sheet1 工作表重命名为"学生入学成绩表"。

③ 将表格中标题区域 B1:L1 合并居中，设置标题行行高为 30，其余行行高为 12；将表格的标题字体设置为方正舒体，字号为 20 磅，并添加黄色底纹。

④ 设置表头文本字体为隶书，字号为 12 磅，居中，加粗并添加浅绿色底纹。姓名列宽为 12，其余各列宽为 9。将表格中各科成绩数据设置为居中格式。

⑤ 设置"学生入学成绩表"中各科成绩数据为"0～100"的整数，并对输入错误数据提供警告信息。

⑥ 为"496"（L10）单元格插入批注"最高分"。

⑦ 为保护 Sheet1 工作表的内容，设置密码为 cjb5-1。

三、实训结果

姓名	语文	数学	英语	思想品德	历史	地理生物	物理	化学	体育	总分
何小燕	65	24	23	25	27	22	40	56	20	302
周文龙	65	65	60	41	38	42	34	45	29	419
袁芳	54	77	72	45	41	27	38	51	14	419
帅钰香	82	85	63	38	49	21	47	51	28	464
李君	92	56	74	38	44	40	53	57	10	464
沈晓敏	52	68	55	32	41	47	48	53	23	419
余林清	73	65	62	41	45	33	50	57	24	450
李志敏	86	88	61	31	47	48	59	51	25	496
陈冬梅	35	48	60	37	30	28	36	57	12	343
曾慧倩	74	70	43	28	24	25	34	44	16	358

江西省通用技术工程学校学生入学成绩表

项目六　图表的使用

任务一　创　建　图　表

一、建立图表

在 Excel 2003 中，可以利用"图表"工具栏或"图表向导"两种方法来创建图表。用"图表"工具栏可以快捷地创建简单的图表，而用"图表向导"可以创建 Excel 提供的所有图表。

1. 用"图表"工具栏创建简单的图表

单击"视图"菜单中的"工具栏"命令，再单击其子菜单中的"图表"命令，可弹出"图表"工具栏如图 6.1 所示，其按钮功能说明如表 6.1 所示。

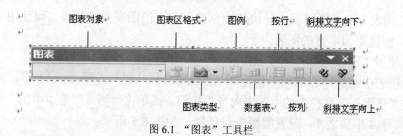

图 6.1　"图表"工具栏

表 6.1　　　　　　　　　　　　"图表"工具栏各按钮的功能

名　　称	说　　明
图表对象	单击右边的下拉箭头，可以在列表中选择各种图表中需要修改的元素
图表区格式	可以设置所选图表项的格式
图表类型	单击该按钮右边的下拉箭头，可以选择不同的图表类型
图例	可以在绘图区右侧添加图例，并改变绘图区大小，为图例留出空间。如果图表已有图例，单击该按钮将删除图例
数据表	可以在图表下面显示工作表中数据系列的值。如果已显示数据系列的值，单击该按钮将取消显示
按行	根据多行数据绘制图表的数据系列
按列	根据多列数据绘制图表的数据系列
斜排文字向下	单击该按钮可以使所选文字向下旋转 45°
斜排文字向上	单击该按钮可以使所选文字向上旋转 45°

例 6.1　使用"图表"工具栏创建"柱形图"。

① 建立如图 6.2 所示的工作表。

② 选择图表中数据所在单元格区域 A2：E6。

③ 单击"图表"工具栏中"图表类型"按钮右边的下拉箭头，弹出图表类型列表，如图 6.3 所示。

图 6.2 工作表示例

图 6.3 "图表类型"列表

④ 在弹出的图表类型列表中单击"柱形图"按钮，创建的图表如图 6.4 所示。

2. 使用图表向导创建图表

虽然用"图表"工具栏可以十分快捷地创建图表，但图表类型较少，而使用"图表向导"则可根据需要创建更为丰富的图表。

例 6.2　使用"图表向导"创建三维簇状柱形图。

① 选择图表中数据所在的单无格区域 A2：E6。

② 单击"常用"工具栏中的"图表向导"按钮，或单击"插入"菜单中的"图表"命令，弹出"图表向导-4 步骤之 1—图表类型"对话框，如图 6.5 所示。

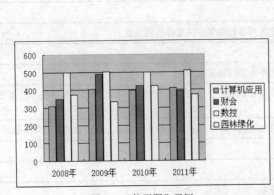

图 6.4 "柱形图"示例

图 6.5 "图表向导-4 步骤之 1—图表类型"对话框

③ 在"标准类型"选项卡的"图表类型"列表框中选择"柱形图"，再在"子图表类型"列表框选择"三维簇状柱形图"。单击"按下不放可查看示例 "按钮，可以查看用所选图表类型建立的图表示例图。

④ 单击"下一步"按钮，弹出"图表向导-4 步骤之 2-图表源数据"对话框，如图 6.6 所示。

⑤ 在"系列产生在"选项组中，选择"列"单选钮。

系列产生在行：是指把工作表的每一行的数据作为一个数据系列。

系列产生在列：是指把工作表的每一列的数据作为一个数据系列。

⑥ 单击"下一步"按钮，弹出"图表向导-4 步骤 3-图表选项"对话框，如图 6.7 所示。

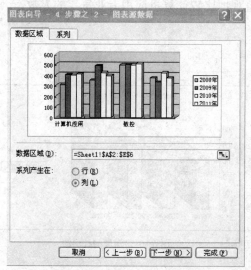

图 6.6　"图表向导-4 步骤之 2-图表源数据"对话框

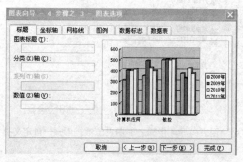

图 6.7　"图表向导-4 步骤之 3-图表源数据"对话框

⑦ 在"标题"选项卡的"图表标题"文本框中键入图表标题"省通工校（2008 年—2011 年）部分专业学生分布图"。

⑧ 如果需要添加"分类轴"和"数值轴"，可以在"分类轴"和"数值轴"文本框中键入相应的名称。

⑨ 对话框中的"坐标轴"选项卡可以为图表设置坐标轴；"网格线"选项卡可以在图表中添加网格线；"图例"选项卡可以设置是否在图表中显示图例以及图例的显示位置，"图例"就是图表中的一个方框，用于区分图表中为数据系列或分类项所指定的图案或颜色；"数据标志"选项卡可设置在图表中显示各种数据标志；"数据表"选项卡可设置是否在工作表中显示数据表。

⑩ "三维簇状柱形图"示例，如图 6.8 所示。

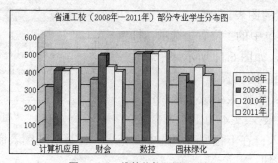

图 6.8　"三维簇状柱形图"示例

二、自定义图表类型

除了"图表"工具栏和"图表向导"可创建图表外，Excel 2003 还提供了几十种内部自定义图表类型供选择，如图 6.9 所示。

利用自定义图表类型创建图表时，应选择最能直观表达数据的图表类型，图 6.10 所示为自定义图表类型中的"带深度的柱形图"，可以直观地比较计算机应用专业每年的人数。

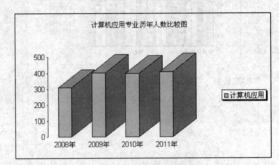

图 6.9 "图表向导-4 步骤之 1-图表源数据"——自定义类型对话框   图 6.10 带深度的柱形图

任务二　编　辑　图　表

一、图表类型的修改

1. 调整图表的位置和大小

（1）图表位置的调整

① 单击选中图表，图表周围出现 8 个控制句柄。

② 按住鼠标左键拖动至满意的位置后松开鼠标左键。

（2）将图表移至工作簿另外的工作表中

① 选中要移动位置的图表。

② 单击"图表"菜单中的"位置"选项，打开"图表位置"对话框，如图 6.11 所示。

③ 根据需要进行相应的设置。

作为新工作表插入：将图表生成一张新的图表工作表，并在文本框中键入文本为工作表命名。

图 6.11 "图表位置"对话框

作为其中的对象插入：在下拉列表中选中工作表，可将所选图表嵌入到工作表中。

④ 单击"确定"按钮。

（3）调整图表大小

① 单击选中图表。

② 将鼠标指针置于 8 个控制句柄中的某一个上，当鼠标指针变为双向箭头形状时，按住鼠标左键拖动可调整图表的宽度和高度。

2．更改图表类型及数据系列产生方式

（1）更改图表类型

如果创建后的图表不能直观地表达工作表中的数据，可以更改图表类型。

① 选定需要更改类型的图表。

② 单击"图表"菜单中的"图表类型"命令，打开"图表类型"对话框。

③ 在"图表类型"列表框中单击所需的图表类型，在"子图表类型"列表框中选择更具体图表类型，如果"标准类型"选项卡中没有满意的图表类型，可打开"自定义类型"选项卡进行设置。

（2）更改数据系列产方式

图表中的数据系列既可以在行方向产生，也可以在列方向产生，有时更改数据系列的产生方式可以使图表更加直观。

① 选定要更改的图表，如图 6.12 所示，该图表为按列产生的数据系列。

② 单击"图表"工具栏中的"按行"按钮，修改后的图表如图 6.13 所示。

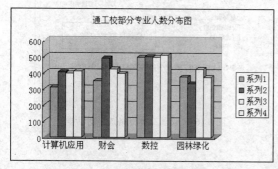

图 6.12　修改前的图表

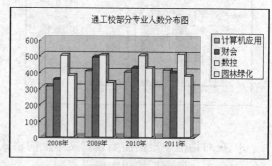

图 6.13　修改后的图表

也可以用菜单命令更改数据系列产生方式：

① 选定要更改的图表。

② 单击"图表"菜单中的"数据源"命令，打开"源数据"对话框，如图 6.14 所示。

③ 在"数据区域"选项卡中，根据需要在"系列产生在"选项组中选择"行"或"列"单选钮。

二、调整图表文字

可向生成的图表中添加横排或竖排的文本框，通过添加文本可使图表认读更为方便、易懂。

图 6.14　"数据源"对话框

① 单击要添加文本的图表。

② 单击"视图"菜单中的"工具栏"命令，在其子菜单中单击"绘图"命令，弹出"绘图"工具栏。

③ 单击"绘图"工具栏中的"横排文本框"按钮。

④ 在图表中单击以确定文本框的一个顶点的位置，然后拖动鼠标至合适大小后松开鼠标左键。

⑤ 在文本框内键入文字。

⑥ 在文本外任一处单击结束输入，结果如图 6.15 所示。

文本框的大小和位置可以像 Word 中一样根据需要随时调整，还可以设置和修改文本框的格式，使图表中的文本更加美观。

① 单击要更改的图表文本框。

② 单击"格式"菜单中的"所选对象"命令，或按 Ctrl+1 组合键，打开"设置文本框格式"对话框，如图 6.16 所示。

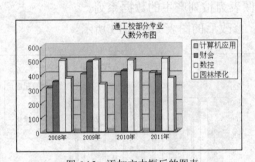

图 6.15　添加文本框后的图表

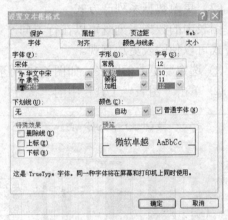

图 6.16　"设置文本框格式"对话框

③ 在对话框中根据需要设置文本框的格式。

④ 单击"确定"按钮完成设置。

三、图表的绘图区和图表区域格式设置

1. 图表的绘图区格式设置

图表的绘图区用于放置图表主体的背景。在 Excel 2003 中，可以对绘图区背景墙的边框及背景墙的图案进行设置。

① 在绘图区用鼠标右键单击，弹出"背景墙格式"对话框，如图 6.17 所示。可对边框的样式、颜色和线条粗细进行设置。

② 绘图区背景墙可在"背景墙格式"对话框的"区域"选项中选择任意一种颜色进行充填；如没有适合的颜色，单击"填充效果"按钮，弹出"填充效果"对话框，如图 6.18 所示。

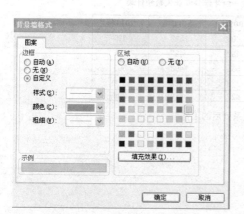

图 6.17 "背景墙格式"对话框

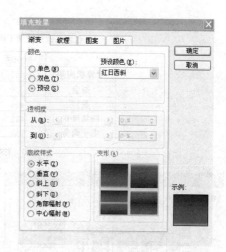

图 6.18 绘图区背景墙"充填效果"对话框

2．图表的图表区格式的设置

图表的图表区同绘图区格式的设置一样，可对图表区的填充图案进行设置，通过调整填充图案的颜色、过渡、纹理、图案和图片，使生成的图表更加美观。

① 在图表区域上双击，打开"图表区格式"对话框，如图 6.19 所示。

② 在"图案"选项卡中，单击"填充效果"按钮，可打开"填充效果"对话框。

③ 在"填充效果"对话框的"过渡"选项卡中设置渐变色的填充模式；在"纹理"选项卡中指定一种填充的纹理，在"图案"选项卡中可以设定图案进行填充；也可以在"图片"选项卡中单击"选择图片"按钮以引入外部的图片进行填充。

④ 在确定了填充内容后，还可以在"字体"选项卡中设置"字体"、"字号"、"字形"等。

⑤ 单击"确定"按钮，关闭对话框。

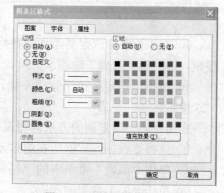

图 6.19 "图表区格式"对话框

四、添加或删除数据系列

向已经建立了图表的工作表中添加了数据系列后，同样需要在图表中添加该数据系列。

例 6.3 已在工作表中添加名为"电子商务专业"的数据系列，如图 6.20 所示，将该数据系列添加到图表中。

① 选定要添加数据系列的图表。

② 单击"图表"菜单中的"数据源"命令，打开"数据源"对话框。单击"系列"标签，打开"系列"选项卡，如图 6.21 所示。

③ 单击"添加"按钮，然后在"名称"文本框中输入"电子商务"。

④ 单击"值"文本框右侧的"工作表"按钮，弹出"数据源—数值："对话框，如图 6.22 所示。

	A	B	C	D	E
1	江西省通用技术工程学校08—11年部分专业人数统计表				
2		2008年	2009年	2010年	2011年
3	计算机应用	309	403	398	410
4	财会	350	489	423	395
5	数控	498	501	498	509
6	园林绿化	375	333	422	374
7	电子商务	388	422	410	398

图 6.20　添加数据系列后的工作表

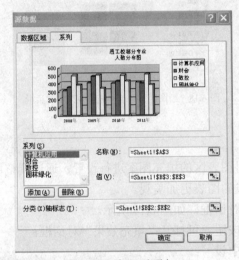

图 6.21　"系列"选项卡

图 6.22　"数据源—数值："对话框

⑤ 在工作表中选定要添加的数据系列，然后再单击"数据源—数值"对话框的"返回"按钮，返回到"系列"选项卡。

⑥ 单击"确定"按钮完成添加，名为"电子商务"的数据系列被添加到图表中，如图 6.23 所示。

实用技巧　用复制的方法向图表中添加数据系列是最方便的方法。

① 选择要添加的数据所在的单元格区域。

② 单击"编辑"菜单中的"复制"命令。

③ 单击要添加数据的图表。

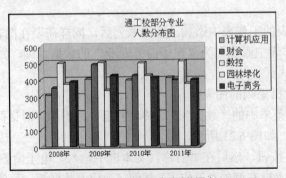

图 6.23　添加数据系列后的图表

④ 单击"编辑"菜单中的"粘贴"命令。

删除数据系列的操作很简单。如果仅删除图表中的数据系列，单击选定图表中要删除的数据系列，然后按 Delete 键。如果要一起删除工作表中与图表中的某个数据系列，选定工作表中该数据系列所在的单元格区域，然后按 Delete 键。

项目综合实训

一、实训素材

【样文 1】

二、操作要求

① 新建文件：在 Excel 2003 中新建一个文件，文件名为"主干课程成绩表.xls"，保存到自己的文件夹中。

② 按样文 1 在 Sheet1 工作表中键入相应内容。

③ 按样文 2 将表格中标题区域 B1：E1 合并居中，设置标题行行高为 25，其余行行高为 12；将表格的标题字体设置为方正舒体，字号为 12 磅并添加黄色底纹。

④ 按样文 2 设置表头文本字体为隶书，字号为 12 磅，居中，加粗并添加浅绿色底纹。姓名列宽为 12，其余各列宽为 9。将表格中各科成绩数据设置为居中格式。

⑤ 按样文 3 利用各科成绩建立簇状柱形图。

⑥ 按样文 3 将图表标题字体设置为隶书，字号为 16 磅，并添加茶色底纹。绘图区格式设置为雨后初睛的填充效果。

三、实训结果

【样文2】

学生入学主干课程成绩表			
姓名	语文	数学	英语
何小燕	65	24	23
周文龙	65	65	60
袁芳	54	77	72
帅钰香	82	85	63
李君	92	56	74
沈晓敏	52	68	55
余林清	73	65	62
李志敏	86	88	61
陈冬梅	35	48	60
曾慧倩	74	70	43

【样文3】

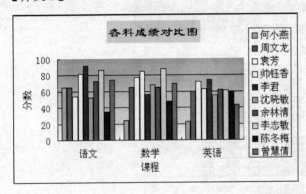

项目七　使用公式与函数

使用公式和函数计算或解答问题，是 Excel 2003 核心。正是因为 Excel 2003 具有公式和函数的功能，才使其发挥出了强大的优势，给用户在对数据运算和分析方面带来了极大的便利。本章介绍如何创建和编辑公式，如何简单快捷地使用 Excel 2003 提供的各种函数完成数据运算。

任务一　创建公式

公式是对单元格中数值进行计算的等式。使用公式可进行加、减、乘、除等简单的计算，也可以完成复杂的财务、统计及科学计算，还可以用公式进行比较或操作文本。公式是工作表的核心，如果没有公式，Excel 2003 这样的电子表格软件就失去了其存在的意义。

下面列出几个公式的例子：

=（173+27）/20

=sum(A3：C5)

="江西省"&"通用技术工程学校"

上面的例子体现了 Excel 2003 公式的语法，即公式以等号开头，后面紧接着运算数和运算符。运算数可以是常数、单元格引用、单元格名称和工作表函数。

一、公式中的运算符

运算符用于指明对公式中元素做计算的类型，如加法、减法、乘法等，并对公式中的各元素进行运算操作。Excel 2003 中的运算符有 4 种类型：算术运算符、比较运算符、文本运算符和引用运算符，它们的功能与组成如下所述。

1. 算术运算符

算术运算符用于完成基本的数学运算，如加法、减法和乘法，连接数字和产生数字结果等。各算术运算符名称与用途如表 7.1 所示。

表 7.1　　　　　　　　　　　　　　　　算术运算符

运算符号	名　称	用　途	示　例
+	加号	加	3+3
−	减号	减	3−1
−	负号	负数	−6
*	星号	乘	3×3
/	斜杠	除	3/3
%	百分号	百分比	20%
^	脱字符	乘方	3^2（与 3× 相同）

2. 比较运算符

比较运算符用于比较两个值,结果将是一个逻辑值,即不是 TRUE(真)就是 FALSE(假)。与其他的计算机程序语言类似,这类运算符还用于按条件做下一步运算。各比较运算符名称与用途如表 7.2 所示。

表 7.2　　　　　　　　　　　　　　比较运算符

运算符号	名　称	用　途	示　例
=	等号	等于	A1=B1
>	大于号	大于	A1>B1
<	小于号	小于	A1<B1
>=	大于等于号	大于等于	A1>=B1
<=	小于等于号	小于等于	A1<=B1
<>	不等于	不等于	A1<>B1

3. 文本运算符

文本运算符实际上是一个文字串联符——&,用于加入或连接一个或更多字符串来产生一大段文本。如"江西省"&"通用技术工程学校",结果将是江西省通用技术工程学校。

4. 引用运算符

引用表 7.3 所示的运算符可以将单元格区域合并起来进行计算。

表 7.3　　　　　　　　　　　　　　引用运算符

运算符号	名　称	用　途	示　例
:	冒号	区域运算符,对两个引用之间,包括两个引用在内的所有单元格进行引用	B5:B15
,	逗号	联合操作符,将多个引用合并为一个引用	SUM(B5:B15，D5:D15)
空格	空格	交叉运算符,产生同时属于两个引用的单元格区域的引用	SUM（A1：F1 B1：B4）（B1 同时属于两个引用 A1：F1,B1：B4）

二、公式中的运算符优先级

如果公式中使用了多个运算符,Excel 2003 将按表 7.4 所列的运算符优先级进行运算。如果公式中包含了相同优先级的运算符,如同时包含了乘法和除法运算符,则将从左到右进行计算。如果要修改计算的顺序,可把需要首先计算的部分放在一对圆括号内。

三、输入公式

在 Excel 2003 工作表中,有一类单元格中的数据不是独立的,它是由其他一些单元格的数据经过公式计算到的,当其他单元格数据改变时,这类单元格中的数据也会按公式规定的规律跟着改变。这类单元格应输入公式。

表7.4　　　　　　　　　　　　　各种运算符的优先级

运算符（优先级从高到低）	说　明
：（冒号）	区域运算符
，（逗号）	联合运算符
（空格）	交叉运算符
－（负号）	－5
%（百分号）	百分比
^（脱字符）	乘幂
*和/	乘和除
+和-	加和减
&	文本运算符
=、〉、〈、〉=、〈=、〈〉	比较运算符

1．在单元格中输入公式

① 单击欲输入公式的单元格，使其成为当前单元格。

② 向当前单元格先输入等号，然后输入公式。

③ 按 Enter 键结束输入，则在当前单元中会出现公式的运算结果。

含有公式的单元格称为从属单元格，它的重要特点是当被公式引用的单元格中的数发生改变时，从属单元格中的值也将跟着改变。

例 7.1　下面以计算图 7.1 中第一个记录（姓名为唐由宾）的总分栏为例，说明输入公式的方法。

第一个记录的总分在 F3 单元格，它的值应该是 B3、C3、D3、E3 这 4 个单元格中所存放数据的和，写成公式为

　　=B3+C3+D3+E3

或者：

　　=SUM（B3：E3）

操作步骤如下：

① 单击 F3 单元格，使其成为活动单元格。

② 向 F3 单元格中输入公式：=B3+C3+D3+E3。与此同时，编辑栏中也同步显示输入的字符。

③ 按 Enter 键，则在 F3 单元格显示总分的计算结果为 363。

应当注意，当向一个单元格输入公式后，得到的结果虽然是一个数，但 Excel 2003 始终知道这一单元格中的数据是一个公式计算的结果。

2．在编辑栏中输入公式

单击编辑公式"="，在编辑栏的左端出现一个等号，便可在等号后输入公式。运算符和常数可直接从键盘输入，引用单元格时，只需单击被引用的单元格，则这一单元格名就出现在编辑栏的公式中。

例 7.2　下面计算图 7.2 中第二个记录（姓名为朱剑）的总分。

计算总分的公式为"=B4+C4+D4+E4",运算结果应放在单元格 F4 中。

① 单击 F4 单元格,F4 为存放运算结果的单元格。

② 单击编辑公式"=",在编辑区出现等号"="。

③ 在等号后键入公式"B4+C4+D4+E4",方法如下:

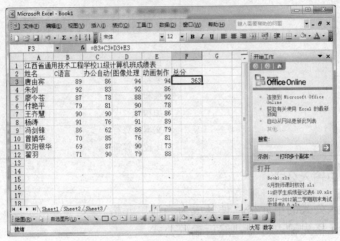

图 7.1 唐由宾总分计算结果

单击 B4 单元格,在编辑栏的等号后出现 B4,再从键盘中键入加号"+";

单击 C4 单元格,再从键盘中键入加号"+";

单击 D4 单元格,再从键盘中键入加号"+";

单击 E4 单元格,这时编辑栏中为"=B4+C4+D4+E4";

④ 按 Enter 键,则在 F4 单元格显示总分的计算结果为 353。

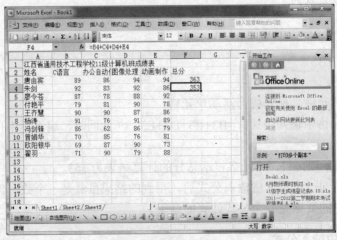

图 7.2 朱剑总分计算结果

3. 公式自动填充法

当要在一个单元格区域中输入同一个公式计算时,不必在每个单元格中逐一输入公式,可采用以下 3 种公式自动填充方法进行操作。

（1）选定单元格区域法

首先选定所要输入公式计算的单元格区域，如图 7.3 所示，然后输入公式（"=B3+C3+D3+E3"或"=B3:B12+C3:C12+D3:D12+E3:E12"），按 Ctrl+Enter 组合键，便可计算出总分栏中各学生的总分。

（2）鼠标拖曳法

① 选择用公式已计算出结果所在的单元格，并移动鼠标到该单元格的右下角的"填充柄"。

② 当鼠标指针变成小黑十字时，按住鼠标左键，拖动"填充柄"经过目标区域。

③ 当到达目标区域后，放开鼠标左键，公式自动填充完毕，如图 7.4 所示。

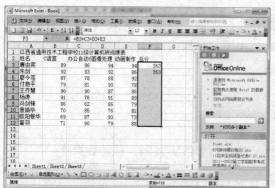

图 7.3　选定单元格区域示例　　　　图 7.4　拖动鼠标公式的自动填充

（3）"填充"命令法

① 选定待填充的区域。这一区域应包含已经使用了公式的单元格和要由相同的公式计算结果的单元格。也就是说，区域内的单元格应使用形式相同的公式。

② 选择"编辑/填充"菜单命令。

③ 当选择"编辑/填充"后，子菜单会给出选择项"向上填充"、"向下填充"、"向左填充"、"向右填充"等，如图 7.5 所示，要求选择填充方向。应当由使用过公式的单元格，向需计算结果的单元格的方向填充，Excel 2003 分析了问题的规律，将推荐的填充方向在子菜单中以深色字显示。

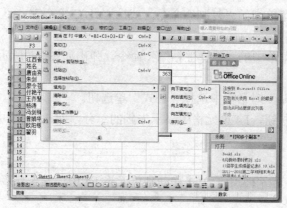

图 7.5　用"填充"命令自动输入数据

综上所述，无论采取哪一种方法创建公式，都需要注意以下两点。

（1）如果正确地创建了计算公式，那么在 Excel 2003 的默认状态下，其计算值就会显示在单元格中，公式则显示在"编辑栏"中。在按 Enter 键确认输入的公式之前，公式实际上并没有被存储在单元格中，而仅仅在单元格中显示，可以单击编辑栏左边的"取消"按钮或按 Esc 键来取消输入的公式。

（2）如果要使工作表中所有的公式在显示公式内容与显示结果之间切换，可按 CTRL+`组合键（位于键盘左上侧）。

任务二 编 辑 公 式

在创建公式过程中，根据使用目的，常常需要对公式进行修改、复制、移动、数值转换以及日期和时间运算等操作，并且在创建公式时，由于某种原因而导致出错信息。为了快捷和正确地使用公式，本节就这些内容作详细介绍。

一、修改、复制、移动公式

单元格中的公式可以像单元格中的其他数据一样进行修改、复制、移动等操作。

1．修改公式

修改公式同修改单元格中数据的方法一样。先单击包含要修改公式的单元格，如果要删除公式中的某些项，在编辑栏中用鼠标选中要删除的部分后，再按 Backspace 键或 Delete 键。如要替换公式中的某些部分，需先选中被替换的部分，然后再进行修改。在未确认之前，单击"取消"按钮或按 Esc 键放弃本次修改。如果已确认修改但还未执行其他命令，单击"编辑"菜单中的"撤销"命令或按 Ctrl+Z 组合键仍可放弃本次修改。

2．复制公式

将图 7.6 中所示单元格 F3 中的公式复制到单元格 F4 中，其操作步骤如下。
① 选定单元格 F3。
② 单击"编辑"菜单中的"复制"命令，或按 Ctrl+C 组合键。
③ 单击 F4 单元格。
④ 单击"编辑"菜单中的"选择性粘贴"命令，弹出如图 7.7 所示的"选择性粘贴"对话框。
⑤ 在"选择性粘贴"对话框中选择"公式"单选钮。
⑥ 单击"确定"按钮，F4 单元格中显示朱剑的总分，即已将 F3 中的公式复制过来了。

3．移动公式

将图 7.6 中所示单元格 F3 中的公式移动到单元格 F4 中，其操作步骤如下。
① 选定 F3 单元格。
② 将鼠标移到 F3 单元格的边框上，当鼠标指针变为白色箭头时按下鼠标左键。

③ 拖动鼠标到 F4 单元格。

④ 释放鼠标左键，F3 中的公式便移到了 F4 中，如图 7.8 所示。

图 7.6　复制公式示例

图 7.7　"选择性粘贴"对话框

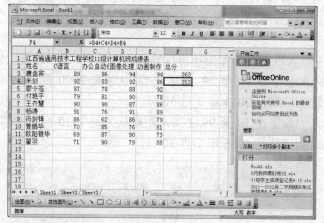

图 7.8　移动公式示例

二、公式中的数值转换及日期和时间运算

1．公式中的数值转换

在 Excel 2003 中数据是分类型的，如数字型、文本型、逻辑型等。在公式中，每个运算符都只能连接特定类型的数据。如果运算符连接的数值与所需的类型不同，Excel 能自动转换数值类型。表 7.5 所示为公式中数值转换的示例。

2．日期和时间运算

在 Excel 2003 中不仅可以对数字和字符进行计算，也可以对日期和时间进行计算，因为日期和时间都是数值。例如，计算两个日期之差，公式＝"98／10／20"－"98／10／5"，计算结果为 15。还可以进行其他计算，如公式＝"99／7／20"＋"99／7／5"，计算结果为 72707。

表 7.5　　　　　　　　　　　　公式中数值转换示例

公　式	运 算 结 果	说　明
＝"50"＊"2"	100	当使用+、−、*、/ 等运算符时，Excel 认为运算数是数字。Excel 自动将字符型数据"50"和"2"转换为数字
＝"99/7/20"−"98/7/15"	370	Excel 将具有 yy/mm/dd 格式的文本当做日期，将日期转换成序列数之后，再进行计算
=SUM（"50+45"，5）	#VALUE!	返回出错值，因为 Excel 不能将文本"50+45"转换成数字，而 SUM（"95"，5）可以返回 100
=100&"分成绩"	100 分成绩	当公式中需要文本型数值时，Excel 自动将数字转换成文本

Excel 2003 支持两种日期系统：1900 年和 1904 年日期系统。默认的日期系统是 1900 年日期系统，并且显示的时间和日期数字（例如 34412.25），是以 1900 年 1 月 1 日星期日为日期起点，数值设定为 1；以午夜零时（0：00：00）为时间起点，数值设定为 0.0，其范围是 24 小时。如果要改为 1904 年日期系统，应单击"工具"菜单中的"选项"命令，打开"选项"对话框，再单击"重新计算"选项卡，接着再选定"1904 年日期系统"复选框，如图 7.9 所示。

在 Excel 2003 中输入日期时，如果年份仅输入两位数字，Excel 将做如下处理。

① 如果年份输入的数字在 00 至 29 之间，则默认为是 2000 至 2029 年。例如，输入 13／7／30，则默认为这个日期是 2013 年 7 月 30 日。

② 如果年份输入的数字在 30 至 99 之间，则默认为是 1930 至 1999 年。例如，输入 66／7／30，则默认为这个日期是 1966 年 7 月 30 日。

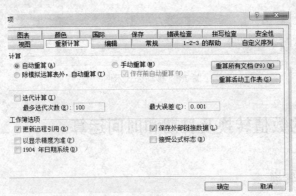

图 7.9　改变日期系统

三、公式返回的错误值和产生原因及解决方法

在使用公式进行计算时，有时会在单元格中看到"#NAME?"、"#VALUE?"等信息。这些信息都是在使用公式时出现错误后返回的错误值。公式返回的错误值和产生原因及解决方法如表 7.6 所示。

表7.6 公式返回的错误值和产生原因及解决方法

返回的错误值	产生的原因	解决方法
#####!	公式计算的结果太长，单元格容纳不下，或是日期和时间格式的单元格做减法，出现了负值	增加列的宽度，使结果能够完全显示。如果是由日期或时间相减产生了负值引起的，可以改变单元格的格式，如改为文本格式，结果为负的时间量
# DIV/0	这个错误的产生通常有下面几种情况：除数为0、在公式中除数使用了空单元格或是包含零值单元格的单元格引用	修改单元格引用，或者在用作除数的单元格中输入不为零的值
# N/A	公式中无可用的数值或缺少函数参数	在等待数据的单元格内填充上数据或函数
# NAME?	使用了 Excel 不能识别的名称，比如可能是输错了名称，或是输入了一个已删除的名称，如果没有将文字串括在双引号中，也会产生此错误值	如果是使用了不存在的名称而产生这类错误，应确认使用的名称确实存在；如果是名称、函数名拼写错误应就改正过来；将文字串括在双引号中；确认公式中使用的所有区域引用都使用了冒号（：）。例如，SUM(C1：C10)。注意将公式中的文本括在双引号中
# NULL!	在公式中的两个范围之间插入一个空格以表示交叉点，但这两个范围没有公共单元格。比如输入："=SUM(A1:A10 C1:C10)"	取消两个范围之间的空格。上式可改为"=SUM(A1:A10，C1:C10)"
# NUM!	在需要数字参数的函数中使用了不能接受的参数，或者公式计算结果的数字太大或太小，Excel 无法表示	确认函数中使用的参数类型正确。如果是公式结果太大或太小，就要修改公式，使其结果在$-1×10307$ 和 $1×10307$ 之间
# REF!	删除了被公式引用的单元格范围	恢复被引用的单元格范围，或是重新设定引用范围
# VALUE!	需要数字或逻辑值时输入了文本	确认公式或函数所需的运算符或参数正确

任务三 单元格的引用

单元格的引用就是指单元格的地址，并且把单元格中的数据和公式联系起来。在创建和使用复杂公式时，单元格的引用是非常有用的。Excel 2003 通过单元格引用来指定工作表或工作簿中的单元格或单元格区域。

一、单元格引用及引用样式

单元格引用的作用在于标识工作表上的单元格和单元格区域，并指明使用数据的位置。通过引用可以在公式中使用单元格中的数据。单元格引用有不同的表示方法，既可以直接用相应的地址表示，也可以用单元格的名字表示。

用地址来表示单元格引用有两种样式。

1. A1 引用样式

这是默认样式。这种引用是用字母来表示列（从 A~IV 共 256 列），用数字来表示行（从 1~65 536)。引用的时候，先写列字母再写行数字，如 B2。

2. R1C1 样式

R 代表 Row，是行的意思；C 代表 Column，是列的意思。在 R1C1 引用样式中，用 R 加行数字和 C 加列数字来表示单元格的位置，如 R3C2 指位于第 3 行第 2 列上的单元格。如果要改为该种样式，应单击"工具"菜单中的"选项"命令，打开"选项"对话框，单击"常规"选项卡，选择"R1C1 引用样式"复选框，如图 7.10 所示。

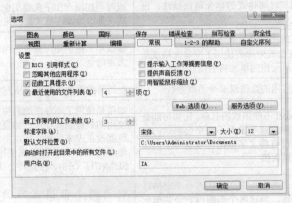

图 7.10　改变单元格引用样式

在 A1 引用样式中又包括相对引用、绝对引用、混合引用、交集引用和并集引用 5 种样式。

（1）相对引用

相对引用的意义是指单元格引用会随公式所在单元格的位置变更而改变。也就是说，相对引用在被复制到其他单元格时，其单元格引用地址发生改变。例如，在运用填充方式计算 F3 单元格时，公式为"=B3+C3+D3+E3"；计算 F4 单元格时，公式中引用的单元格自动调整为"=B4+C4+D4+E4"。相对引用的样式是用字母表示列，用数字表示行，如 A1、B2 等。但是只使用相对引用是无法满足使用需要的。

（2）绝对引用

绝对引用是指引用特定位置的单元格。如果公式中的引用是绝对引用，那么复制后的公式引用不会改变。绝对引用的样式是在列字母和行数字之前加上符号$，如$A$2、$B$5 都是绝对引用。

例 7.3　计算图 7.11 中所示各学科总分占全部总分的百分比。

对于"C 语言"字段，计算 B14 单元格的公式应为"=B13/F13"；对于"办公自动化"字段，计算 C14 单元格的公式应为"=C13/F13"。可见，F13 单元格为绝对引用，故计算过程如下：

① 单元格 B14：选择 B14 为当前单元格；在 B14 单元格中输入公式"=B13/$F$13"；按 Enter 键，则 B14 单元格计算完成。

② 选择 B14:F14 区域；单击"编辑/填充/向右填充"菜单命令，按 Enter 键完成。操作结果如图 7.11 所示。

（3）混合引用

混合引用是相对地址与绝对地址的混合使用。例如，C$4 表示 C 是相对引用，$4 是绝对引用，即表示列标可变，行号不可变；$C4 表示$C 是绝对引用，4 是相对引用，即表示列标不可变，行号可变。

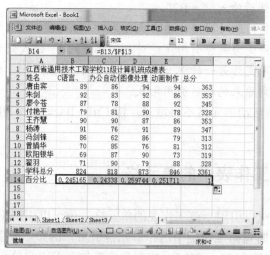

图 7.11 绝对单元格引用计算结果

（4）交集引用

在公式中，引用两个区域的公共的单元格，称为交集引用。交集引用的引用符是一个空格。例如，要计算 B6：G9 与 D3：E13 的公共单元格的累加和，应为"=SUM(B6:G9 D3:E13)"。式中的 G9 与 D3 间的空格不能省略，它是交集引用符。交集引用如图 7.12 所示。

（5）并集引用

在公式中，引用两个或两个以上区域中单元格的集合，称为并集引用。并集引用的引用符是一个逗号"，"，它加在引用的区域名字之间。例如，在计算区域 B3：C12 和区域 E7：F13 中全部单元格的和，应该为并集引用，其公式为"=SUM(B3:C12，E7:F13)"。式中的 C12 与 E7 间的逗号是并集引用符。并集引用如图 7.13 所示。

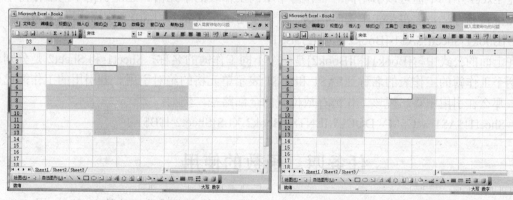

图 7.12 交集引用　　　　　　　　　　　图 7.13 并集引用

二、输入单元格引用三种快捷方法

① 使用鼠标输入单元格引用比用键盘节省时间而且准确率高。

② 使用 F4 键可以快速改变单元格引用的类型。示例如下：

- 选择单元格 B5 然后输入"= B2"。
- 按 F4 键将引用变为绝对引用，该公式变为"= $B$2"。
- 再按 F4 键将引用变为混合引用（绝对行，相对列），公式变为"= B$2"。
- 再按 F4 键将引用变为另一种混合形式（绝对列，相对行），公式变为"= $B2"。
- 再按 P4 键返回到原来的相对引用形式。

③ 若滚动工作表后活动单元格不再可见，按 Ctrl＋Backspace 组合键可快速重新显示活动单元格。

三、引用其他工作表中的单元格

在 Excel 中，不仅可以引用当前工作表的单元格，还可以引用工作簿中的其他工作表。其方法是：在公式中同时包括工作表引用和单元格引用。例如，要引用工作表 Sheet2 中的 B2 单元格，应在公式中输入 Sheet2!B2。感叹号将工作表引用和单元格引用分开。如果工作表已命名，只需使用工作表名字再加上单元格引用。但是，如果工作表名字中包含空格，必须用单引号括住工作表引用。

使用鼠标也可以引用工作簿中另一张工作表的单元格或单元格范围。其方法是：进入输入公式的状态，然后单击需要引用的单元格所在的工作表标签，选中需要引用的单元格，则该单元格引用会显示在编辑栏中。如果工作表名字包括空格，Excel 2003 会自动用单引号括住工作表引用，最后按 Enter 键完成公式的输入。

四、引用其他工作簿中的单元格

在 Excel 中，不但可以引用同一工作簿中不同工作表的单元格，还能引用不同工作簿中的单元格。其方法是：在公式中同时包括工作簿引用、工作表引用和单元格引用。例如：

＝[Book1]Sheetl!$A$1-[Book2]Sheet2!$B$1

在上面的公式中，[Book1]和[Book2]是两个不同工作簿的名称，Sheet1 和 Sheet2 是分别属于两个工作簿的工作表的名称。$A$1 和$B$1 表示单元格的绝对引用。若引用的工作簿已关闭，那么在引用中将出现该工作簿存放位置的全部路径，例如：

＝Sheet1!$A$1－'C:\MY DOCUMENTS\[Book2.XLS]Sheet2'!$B$1

任务四 函数的使用

函数是 Excel 2003 中预定的内置公式，使用函数可以提高公式计算的效率。例如，用 SUM 函数来对单元格或单元格区域所有数值求总和，可以比公式更加灵活方便。所以，使用公式时尽可能地使用函数，它可以节省输入时间，同时减少错误发生。

一、函数的格式

Excel 2003 中的函数是由函数名和用括号括起来的参数组成。函数可作为一个 独立的公式使用，也可作为公式中的一个运算数。当它作为一个独立公式时，应该以等号（=）开头。例如，求图 7.11 中 "C 语言" 总分，可以键入：

=SUM(B3:B12)

上述式中括号内的 "B3:B12" 是该函数参数。由此可知，函数是通过参数来接收数据的，而且不同的函数使用特定类型的参数，如数字、引用、文本或编辑值等。函数大多数情况下返回的是计算的结果，也可以返回文本、引用、逻辑值、数组或者工作表的信息。

二、Excel 内置函数

Excel 2003 提供了大量的内置函数，按照功能分类，可分为如表 7.7 所示的类型。

表 7.7　　　　　　　　　　内置函数分类及其功能简介

分　类	功　能　简　介
数据库工作表函数	分析数据清单中的数值是否符合特定条件
日期与时间函数	在公式中分析和处理日期值和时间值
工程函数	用于工作分析
信息函数	确定存储在单元格中数据的类型
财务函数	进行一般的财务计算
逻辑函数	进行逻辑判断或者进行复合检验
统计函数	对数据区域进行统计分析
查找和引用函数	在数据清单中查找特定数据或者查找一个单元格的引用
文本函数	在公式中处理字符串
数学和三角函数	进行数学计算

三、常用函数

Excel 2003 提供了几百个内置函数，下面只介绍常用的函数。有关其他函数的用法，可以使用 Excel 2003 的帮助进行学习。

1. SUM 函数

功能：SUM 函数用于计算单个或多个参数之和。

语法：SUM(number1，number2，……)

number1，number2，……为 1～30 个需要求和的参数。

参数：逻辑值、数字、数字的文本形式、单元格的引用。

例 7.4　SUM(10，20)等于 30。

SUM(A1：E1)等于从 A1 到 E1 共 5 个单元格中数值的和。

2. SUMIF 函数

功能：SUMIF 函数对符合指定条件的单元格求和。

语法：SUMIF(range，criteria，sum_range)

range 用于条件判断的单元格区域。

criteria 确定哪些单元格符合相加的条件，其形式可以是数字、表达式或文本。

sum_range 是需要求和的实际单元格区域，只有当 range 中的相应单元格满足 criteria 中的条件时，才对 sum_range 中相应的单元格求和。若省略 sum_range，则对 range 中满足条件的单元格求和。

例 7.5 设 A1：A4 中的数据是 10、20、30、40，而 B1：B4 中的数据是 100、200、300、400，那么 SUMIF(A1：A4，"＞15"，B1：B4)等于 900，因为 A2、A3、A4 中的数据满足条件，所以相应地对 B2、B3、B4 进行求和。

3．AVERAGE 函数

功能：AVERAGE 函数对所有参数计算算术平均值。

语法：AVERAGE(number1，number2，……)

number1，number2，……为需要计算平均值的 1 到 30 个参数。参数应该是数字或包含数字的单元格引用、数组或名字。

例 7.6 AVERAGE(1，2，3，4，5)等于 3。

4．DAY 函数

功能：DAY 函数将某一日期的表示方法从日期序列数形式转换成它所在月份中的序数（即某月的第几天），用整数 1～31 表示。

语法：DAY（serial_number）

serial_number 是用于日期和时间计算的日期时间代码，可以是数字或文本，如 "98／10／20"。

例 7.7 DAY("98／10/20")等于 20。

DAY("5—OCT")等于 5。

5．TODAY 函数和 NOW 函数

功能：TODAY 函数返回计算机内部时钟的当前日期。

NOW 函数返回计算机内部时钟的当前日期和时间。

语法：TODAY()

NOW()·

这两个函数都不需要输入参数。

6．LEFT 和 RIGHT 函数

功能：LEFT 函数返回字符串最左端的子字符串。

RIGHT 函数返回字符串最右端的子字符串。

语法：LEFT(text，num_chars)

text 为包含要提取子字符串的字符串。

Num_chars 为子字符串的长度。

例 7.8 LEFT("Microsoft Excel2000"，9)等于"Microsoft"。

RICHT("I am a student"，7)等于"student"。

7．TRUNC 函数

功能：将数字截为整数或保留指定位数的小数。

语法：TRUNC(number，num_digits)

number 为需要截尾取整的数字。

num_digits 为指定取整精度的数字（小数位数)，默认值为 0。

例 7.9 TRUNC(7.6)等于 8。

TRUNC(−7.67，1)等于−7.6。

8．INT 函数

功能：返回实数向下取整后的整数值。

语法：INT(number)

number 是需要取整的实数。

例 7.10 INT(7.6)等于 7。

INT(−7.6)等于−8。

9．LIG 和 LOG10 函数

功能：LOG 函数返回指定底数的对数，LOCl0 函数返回以 10 为底的常用对数。

语法：LOG(number，base)

LOG10(number)

number 是需要计算对数的正实数。

base 为对数的底数。LDG 函数默认的底数为 10。

例 7.11 LOG(9，2)等于 3。

L6G10(1000)等于 3。

10．TYPE 函数

功能：返回数据的类型。

语法：TYPE（value）

value 为需要返回类型的数据，如表 7.8 所示。

表 7.8   TYPE 函数返回值

参数 value	TYPE 函数返回值
数字	1
文本	2
逻辑值	4

续表

参数 value	TYPE 函数返回值
公式	8
错误值	16
数组	64

例 7.12 YTPE（10）等于 1。

如果 A1 单元格包含"EXCEL"，则 TYPE（A1）等于 2。

四、输入函数

函数可以采用键盘直接输入、运用菜单输入或运用编辑栏输入。

1．采用键盘直接输入函数

若将函数作为一个独立公式使用，则可按以下步骤完成。

① 单击欲输入公式的单元格，使其成为当前单元格。

② 向当前单元格输入函数。这里函数是作为一个公式使用的，应以等号起头。

③ 按 Enter 键结束，当前单元格中出现函数值。

例 7.13 运用函数计算图 7.11 中 C 语言学科总分。

① 单击 B13 单元格，使其成为活动单元格，它是用来存放计算结算的。

② 在 B13 单元格中输入函数"=SUM(B3:B12)"。SUM 为求和函数，"B3:B12"为区域引用。

③ 按 Enter 键，在 B13 单元格中得到计算结果 824。

2．运用菜单输入函数

Excel 2003 的函数十分丰富，对一些不太熟悉的函数，可借助于菜单输入操作步骤如下。

① 单击存放函数值的单元格，使其成为活动单元格。

② 选择："插入/函数"菜单命令，弹出"插入函数"对话框，列出了 Excel 提供的各种函数名，如图 7.14 所示。

③ 在"插入函数"对话框中，选出要使用的函数名，再单击"确定"按钮，弹出函数输入对话框（见图 7.15）。在对话框的文本框中依次键入函数使用的参数。

④ 单击"确定"按钮，则计算结果显示在活动单元格中。

例 7.14 计算图 7.16 中唐由宾的平均分。

① 单击存放平均分的单元格 G3，使其成为当前单元格。

② 选择"插入/函数"菜单命令，弹出如图 7.14 所示的"粘贴函数"对话框。

③ 在对话框的"函数分类"中选"常用函数"，在"函数名"中选求平均值函数名"AVERAGE"，然后单击"确定"按钮。

④ 屏幕弹出对话框如图 7.15 所示。要求顺序向文本框键入参数，在第一个文本框 Number1 中键入求平均值的

图 7.14 "插入函数"对话框

区域 "B3:E3"。

本例中，由于我们选定的存放平均分的单元格为 G3，Excel 分析认为函数的参数应区域 B3:F3，用户如果认可，可不修改。本例应修改为 B3:E3。

⑤ 单击 "确定" 按钮，则在 G3 单元格中显示计算结果为 90.75（见图 7.16）。

值得注意的是，运用工具按钮 "fx" 输入比使用菜单更为简捷。只要单击标准工具栏中的工具按钮 "fx"，屏幕即可直接显示图 7.14 所示的 "粘贴函数" 对话框。然后进入本例中的第③步，其他步骤相同，不再重复。

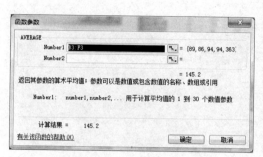

图 7.15 函数输入对话框

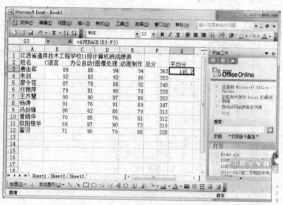

图 7.16 唐由宾平均分计算结果

3. 运用编辑栏输入函数

操作步骤如下。

① 选定存放函数值的单元格，单击编辑栏中的编辑公式 "="，则等号也出现在编辑栏的左侧。

② 单击对话框中的下拉箭头，在对话框的左边弹出函数名列表（见图 7.17）。

③ 单击选中的函数名。如果函数名列表中没有所需要的函数名，可以选择 "其他函数"，这时屏幕可显示如图 7.14 所示的 "粘贴函数" 对话框，可从中选择一个函数名。

④ 单击 "确定" 按钮后屏幕弹出如图 7.15 函数输入对话框。

⑤ 在对话框的文本框中依次键入函数使用的参数。

⑥ 单击 "确定" 按钮完成输入。

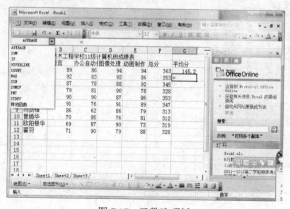

图 7.17 函数选项板

项目综合实训

一、实训素材

【样文1】

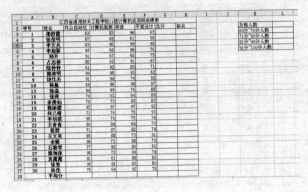

二、操作要求

打开素材文件夹中的"样文1.xls"。

① 设置函数计算每位同学的总分。

② 设置函数计算各科目的平均分。

③ 设置函数计算每位同学的排名。

④ 设置函数计算各分数档的人数。

三、实训结果

【样文2】

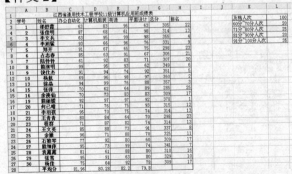

项目八 工作表的管理

任务一 数据排序

数据排序是指按指定字段及其顺序，调整各记录的前后位置并加以显示。

1. 将表中数据记录按单列排序

例 8-1 对于图 8.1 所示数据清单，若按"姓名"（拼音）降序排列，可作如下操作。

① 在数据清单中单击任一单元格。

② 选择"数据"菜单中的"排序"命令，出现"排序"对话框。

③ 在"主要关键字"下拉列表中选择"姓名"，并在右侧选择"递减"单选钮，如图 8.2 所示。

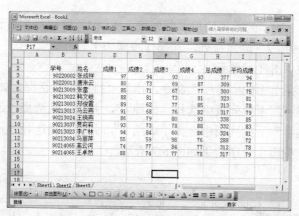

图 8.1 数据清单示例

④ 单击"确定"按钮，结果如图 8.3 所示。

图 8.2 "排序"对话框

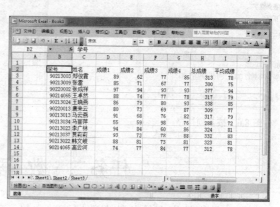

图 8.3 反字典顺序排列姓名

【课外练习】 上例若按姓名的笔画升序排列，该怎样操作？

例8-2 对于图8.1所示数据清单，若按"成绩1"降序排列各纪录，可作如下操作。

① 单击"成绩1"列中的任一单元格，如图8.4所示。

② 单击"常用"工具栏中的"降序"按钮，排序结果如图8.5所示。

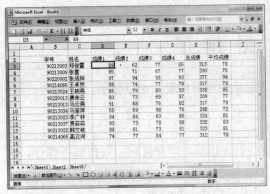

图8.4 使用工具栏排序　　　　　　　　　　图8.5 按"成绩1"降序排列结果

2. 按多列排序

例8-3 对于图8.1所示的数据清单，若先按"成绩1"降序排列各记录，对于"成绩1"相等的各记录再按"成绩2"降序排列。其操作步骤如下。

① 在数据清单中单击任一单元格。

② 选择"数据"菜单中的"排序"命令，出现"排序"对话框，如图8.6所示。

③ 在"主要关键字"下拉列表中选择"成绩1"，并在右侧选择"递减"单选钮。

④ 在"次要关键字"下拉列表中选择"成绩2"，并在右侧选择"递减"单选钮。

⑤ 单击"确定"按钮，排序结果如图8.7所示。

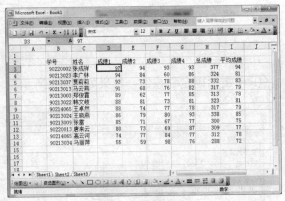

图8.6 按多列排序　　　　　　　　　　　　图8.7 多列排序结果

任务二　数据筛选

数据筛选是指按指定的条件在数据清单中显示符合条件的记录，并暂时隐藏不符合条件的记录。

例 8-4　如图 8.8 所示数据清单，若要筛选出各门成绩均在 70 分以上的记录，可作如下操作。

① 单击数据清单中的任一单元格，选择"数据"菜单中的"筛选"命令，并在其子菜单中单击"自动筛选"，结果在每个列标题的右侧出现黑色下拉箭头，如图 8.9 所示。

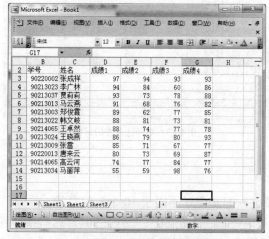

图 8.8　用于筛选的数据清单

图 8.9　记录筛选

② 单击"成绩 1"右侧的下拉箭头出现列表框，在其中选择"自定义"选项，出现"自定义自动筛选方式"对话框，如图 8.10 所示。

③ 在"成绩 1"下拉列表框中选择"大于或等于"，并在右侧列表框中输入 70，单击"确定"按钮，关闭该对话框。可看到数据清单中"成绩 1"旁边的下拉箭头变为蓝色，且数据清单区域的行号也变为蓝色，表明数据清单已按"成绩 1"作了相应的筛选，如图 8.11 所示。

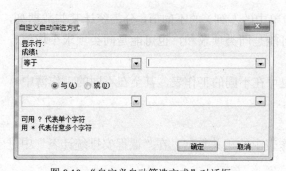

图 8.10　"自定义自动筛选方式"对话框

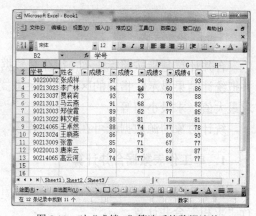

图 8.11　对"成绩 1"筛选后的数据清单

④ 对"成绩 2"、"成绩 3"、"成绩 4"分别作上述筛选操作，最后的筛选结果如图 8.12 所示。

对筛选条件的解释：

单击图 8.9 中的某个下拉箭头，出现下拉列表框，如图 8.13 所示。

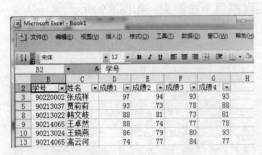

图 8.12　记录筛选结果

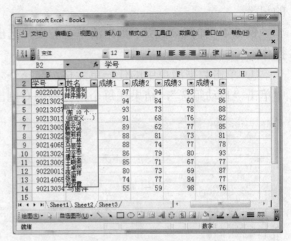

图 8.13　对筛选条件的解释

其中前 3 项的含义如下。

全部：表示不加任何条件限制。

前 10 个：可用于筛选相应字段最大（或最小）的几个（不限于 10 个）记录等。

自定义：可用于筛选具有确定搜寻条件的记录，如"大于 60"、"小于 90"，这些条件还可以通过"与"（并且）、"或"（或者）进行组合使用。

☎注意：若要恢复数据清单的原始面貌，可单击数据清单的任一单元格，然后在"数据"菜单中选择"筛选"，并在其子菜单中选择"自动筛选"即可。

【课外练习】在上例中怎样才能筛选出"成绩 4"在全体同学中处于高端的前 3 个同学（即前 3 个记录）？

任务三　合 并 计 算

合并计算是指按照标志列（往往是数据清单中的左列）的不同值，分类统计某些数据列，并把统计结果显示在指定的区域。统计方式可能是同类项求和，也可能是同类项求平均值、求最大值、求最小值等。

统计对象的源数据既可在同一工作表，也可在不同的工作表，甚至在不同的工作簿中。

1．单工作表数据合并计算

例 8-5　如图 8.14 所示，使用 Sheet4 工作表中的相关数据，在"课程安排统计表"中进行"求和"合并计算。

操作步骤如下。

① 选定用于显示结果数据的单元格区域，如图 8.15 所示。

② 选定"数据"菜单中的"合并计算"命令，出现"合并计算"对话框，如图 8.16 所示。

图 8.14　单工作表数据合并

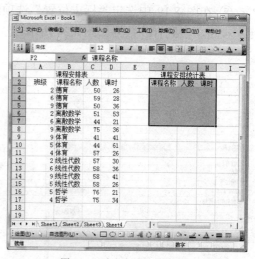

图 8.15　选定存放结果数据区

③ 在"函数"下拉列表框中选择"求和",单击"引用位置"编辑框右端的工作表按钮,出现"合并计算-引用位置"对话框,如图 8.17 所示。

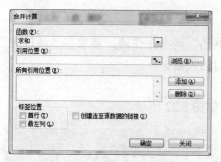

图 8.16　"合并计算"对话框

图 8.17　"合并计算-引用位置:"对话框

④ 如图 8.18 虚线所示,选定单元格区域$B$2:$D$17,单击"合并计算-引用位置:"对话框中的工作表按钮,返回"合并计算"对话框,如图 8.19 所示。

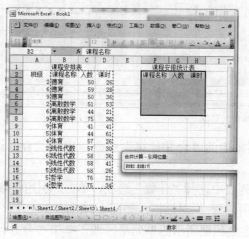

图 8.18　选定源数据区

⑤ 在图 8.19 中选定"标志位置"选项组中的"首行"和"最左列"复选框，单击"确定"按钮，得到合并数据如图 8.20 所示。

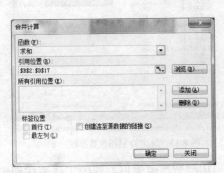

图 8.19 "合并计算"对话框

图 8.20 "合并计算"结果

2. 多工作表或多工作簿数据合并计算

例 8-6 如图 8.21 所示，打开"数据甲"和"数据乙"两个工作簿，要求在"统计表"中合并计算"花名册（一）"和"花名册（二）"各部门的人数。

操作步骤如下。

① 在统计表中选定用于显示结果的单元格区域，如图 8.22 所示。

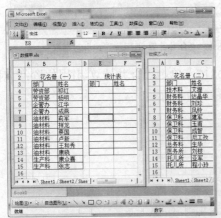

图 8.21 打开两个工作簿的源数据

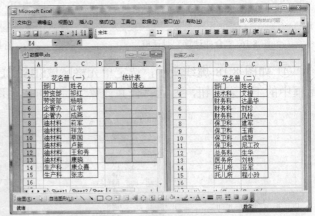

图 8.22 选定用于显示合并结果的单元格区域

② 选择"数据"菜单中的"合并计算"命令，出现"合并计算"对话框，如图 8.23 所示。

③ 在"函数"下拉列表中选择"计数"选项，单击"引用位置"编辑框右端的工作表按钮，出现"合并计算-引用位置："对话框，如图 8.24 所示。

④ 在图 8.25 中选定虚线框所示的单元格区域，单击"合并计算-引用位置："编辑框右

端的工作表按钮，返回"合并计算"对话框，如图 8.26 所示。

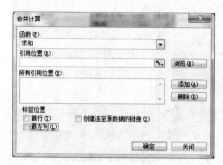

图 8.23　"合并计算"对话框

图 8.24　"合并计算-引用位置："对话框

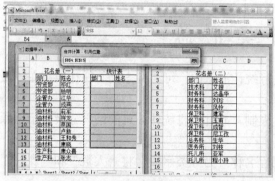

图 8.25　选定"源数据区"一

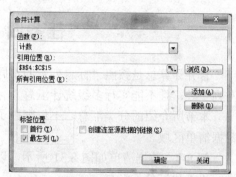

图 8.26　"合并计算"对话框

⑤ 单击"添加"按钮，并取消"标志位置"中的"首行"复选项，选定"最左列"复选项，如图 8.27 所示。

⑥ 单击"引用位置"编辑框中的工作表按钮，并在图 8.28 中选择另一源数据区，如虚线框所示。

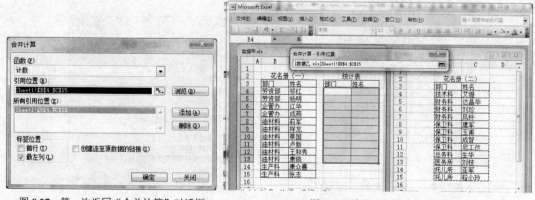

图 8.27　第一次返回"合并计算"对话框

图 8.28　选定"源数据区"二

⑦ 单击"合并计算-引用位置："编辑框中的工作表按钮，第二次返回"合并计算"对话框，如图 8.29 所示。

⑧ 最后单击"确定"按钮，合并计算结果如图 8.30 所示。

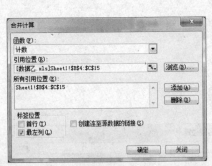

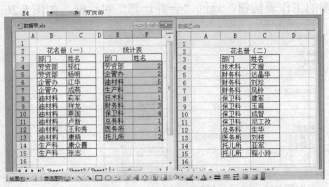

图 8.29　第二次返回"合并计算"对话框　　　　　图 8.30　"合并计算"结果

任务四　分 类 汇 总

合并计算总是按照"标志列"的不同值进行统计汇总的，可"标志列"往往限制在"最左列"处，且不能实行多级统计汇总。

本节所介绍的分类汇总，不仅突破了上述限制，而且可将统计汇总的结果分级显示在原数据清单区域。

例 8-7　数据清单如图 8.31 所示，以"课程名称"为分类字段，将"人数"和"课时"进行"求和"分类汇总。

操作步骤如下。

① 单击数据清单区域的任意单元格，选择"数据"菜单中的"分类汇总"命令，出现"分类汇总"对话框，如图 8.32 所示。

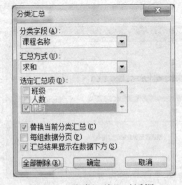

图 8.31　用于"分类汇总"的源数据清单　　　　图 8.32　"分类汇总"对话框

② 在"分类字段"下拉列表中选择"课程名称"，在"汇总方式"下拉列表中选择"求和"，在"选定汇总项"选项组中选定"人数"和"课时"复选框，最后单击"确定"按钮，"分类汇总"结果如图 8.33 所示。

③ 先后单击图 8.33"名称框"下端的"1"、"2"、"3"，可分级显示"汇总结果"，如图

8.34、图 8.35 和图 8.36 所示。

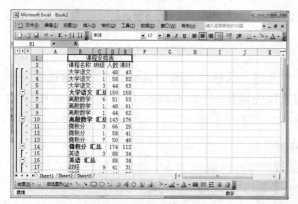

图 8.33　"分类汇总"结果

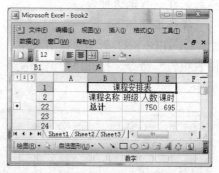

图 8.34　一级显示即显示"分类汇总"的总结果

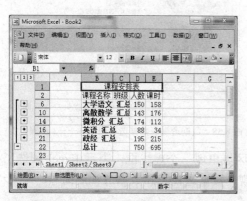

图 8.35　二级显示"分类汇总"结果

图 8.36　三级显示"分类汇总"结果

☏ 说明：汇总方式不局限于"求和"，还可以是"平均值"、"最大值"、"最小值"等。

若要显示数据清单的原始面貌，只要单击数据清单区域的任一单元格，选择"数据"菜单中的"分类汇总"命令，出现"分类汇总"对话框，然后单击其中的"全部删除"按钮即可。

☏ 注意：对数据清单进行"分类汇总"之前，一定要注意所指定的"分类字段"是否已完成"分类"，即该字段是否已经过排序，若未经"分类"，则应首先对其进行排序（升序或降序均可），然后方可进行"分类汇总"。

请读者比较一下，"合并计算"与"分类汇总"还有哪些差异？"合并计算"之前，要对"标志列"首先进行"分类"吗？

任务五　数据透视表

本节介绍一种灵活而综合的统计分析手段——数据透视表。

例 8-8　如图 8.37 所示，使用"数据源"工作表中的数据，以"报考项目"为分页，以"职业"为行字段，以"学历"为列字段，以"姓名"为计数项，从 Sheet2 工作表的 A1 单元格起，建立数据透视表。

操作步骤如下。

① 在图 8.37 所示数据清单中单击任一单元格，选择"数据"菜单中的"数据透视表和图表报告"命令，打开"数据透视表和数据透视图向导——3 步骤之 1"对话框，如图 8.38 所示。

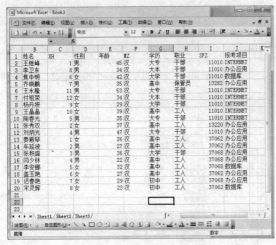

图 8.37　"数据透视表"源数据

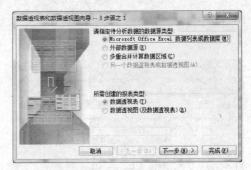

图 8.38　数据透视表数据透视图向导——3 步骤之 1

② 单击"下一步"按钮，图 8.37 的数据清单区域出现一个虚线框，表示 Excel 预选了待分析"数据清单"所在的单元格区域，并同时出现"数据透视表和数据透视图向导——3 步骤之 2"对话框，如图 8.48 所示。

③ 如预选区不正确可用鼠标重新选定，这里单击"下一步"按钮，出现"数据透视表和数据透视图向导——3 步骤之 3"对话框，如图 8.40 所示。

图 8.39　数据透视表和数据透视图向导
——3 步骤之 2

图 8.40　数据透视表和数据透视图向导
——3 步骤之 3

④ 单击"现有工作表"单选钮，然后单击"Sheet2"工作表标签，再单击 A1 单元格，对话框显示结果如图 8.41 所示。

⑤ 单击图 8.41 中的"布局"按钮，出现"数据透视表和数据透视图向导—布局"对话框，如图 8.42 所示。

⑥ 在图 8.42 中，根据题意要求，将"报考项目"拖到"页"区，将"职业"拖到"行"区，将"学历"拖到"列"区，将"姓名"拖到"数据"区，并双击数据区的"姓名"按钮，

从出现的下拉列表中选择"计数"并双击，如图 8.43 所示。

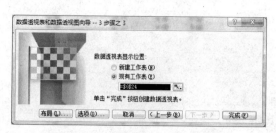

图 8.41　数据透视表和数据透视图向导
——3 步骤之 3

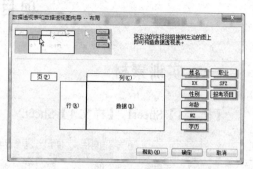

图 8.42　"数据透视表和数据透视图向导
——布局"对话框（1）

⑦ 单击图 8.43 中的"确定"按钮，返回"数据透视表和数据透视图向导——3 步骤之 3"，如图 8.44 所示。

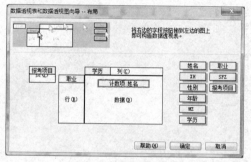

图 8.43　"数据透视表和数据透视图向导
——布局"对话框（2）

图 8.44　"数据透视表和数据透视图向导
——3 步骤之 3"对话框

⑧ 单击图 8.44 中的"选项"按钮，出现"数据透视表选项"对话框，如图 8.45 所示。

⑨ 取消图 8.45 中的"对于空白单元格显示"复选项，单击"确定"按钮。返回"数据透视表和数据透视图向导——3 步骤之 3"对话框，如图 8.44 所示。

⑩ 单击图 8.44 中的"完成"按钮，数据透视表如图 8.46 所示。

图 8.45　"数据透视表选项"对话框

图 8.46　数据透视表结果

项目综合实训

一、实训素材

【样文1】Sheet1、【样文1】Sheet2

学号	姓名	语文	数学	办公自动化	体育	录入	常用工具软件	总分
				江西省通用技术工程学校12春季班考试成绩				
1	王明珠	89	88	82	71	83	91	
2	彭宇巍	94	69	83	62	76	55	
3	刘圣宝	74	91	59	78	52	54	
4	徐祥	62	99	69	89	62	83	
5	万志鹏	80	74	53	50	65	87	
6	沈营营	93	70	61	60	93	72	
7	赵丽萍	80	88	95	67	88	50	
8	熊文杰	71	53	97	94	59	75	
9	饶军	83	79	56	79	74	55	
10	赵方	58	88	56	88	54	71	
11	李康	79	72	97	93	85	50	
12	廖雄勇	97	70	65	99	93	62	
13	吴建军	70	84	57	68	70	64	
14	陈傲寒	56	83	98	66	72	88	
15	杨雷	73	54	51	53	78	86	
16	吴家寿	84	97	65	53	71	85	
17	廖雄强	78	83	77	80	64	62	
18	薛佳铭	51	56	84	54	80	83	
19	曾佳琪	81	97	97	84	95	99	
20	冯林彬	72	89	77	92	82	53	
21	王必芳	91	53	58	81	71	94	
22	林庆扬	56	89	51	80	51	87	
23	甘喜林	50	94	97	63	66	87	
24	张银	53	80	96	54	75	81	
25	刘杨洲	64	57	96	65	50	89	
26	吴有斌	96	56	86	85	67	66	
27	石东东	99	65	90	90	67	88	
28	李云龙	98	93	90	81	88	57	
29	张强	74	93	86	73	83	70	
30	邵珍珍	79	62	95	64	88	92	
31	罗金雨	65	94	79	58	74	68	
32	万雄凤	69	56	71	65	73	89	
33	黄雪	64	91	56	52	93	61	

【样文1】Sheet3

A	B	C	D	E
2010年度校办企业主要企业利润统计表(万元)			2011年度校办企业主要企业利润统计表(万元)	
企业名称	纯利润		企业名称	纯利润
张庄锅炉厂	2328		红都方便面厂	8321
亚东制药有限公司	6830		红太阳超市	5360
新方洗衣粉厂	5581		金宝食品有限公司	3180
欣欣服饰有限公司	5230		利华酒业公司	5832
为民车辆厂	4864		利民鞋业有限公司	4280
天华食品有限公司	1202		天度水泵厂	2428
天度水泵厂	1428		天华食品有限公司	2202
利民鞋业有限公司	3680		为民车辆厂	3864
利华酒业公司	6432		欣欣服饰有限公司	4830
金宝食品有限公司	2480		新方洗衣粉厂	4981
红太阳超市	4360		亚东制药有限公司	5630
红都方便面厂	7321		张庄锅炉厂	3328
校办企业主要企业年平均利润统计表(万元)				
企业名称	纯利润			

【样文 1】Sheet4、【样文 1】Sheet5

	A	B	C	D	E	F	G	H
1	江西省通用技术工程学校公共课考试情况表							
2	姓名	系别	班级	英语	哲学	历史	体育	
3	赵建军	计算机	1141	76	67	78	97	
4	李小波	机电工程	1132	76	67	90	95	
5	任敏敏	机电工程	1132	87	83	90	88	
6	韩冰	计算机	1142	97	83	89	88	
7	谭华	机电工程	1131	89	67	92	87	
8	王刚	园林规划	1152	92	86	74	84	
9	张勇敏	园林规划	1151	92	87	74	84	
10	周华	园林规划	1151	76	85	84	83	
11	吴圆圆	计算机	1141	85	88	73	83	
12	周敏捷	园林规划	1152	76	88	84	82	
13	王辉	机电工程	1131	72	75	69	80	
14	司慧霞	计算机	1142	72	75	69	63	
15								
16								

二、操作要求

（1）对【样文 1】Sheet1 中的数据进行排序，要求将学生成绩以总分从高到低排列，总分相同时以"办公自动化"成绩从高到低排列。其结果如【样文 2】Sheet1 所示。

（2）对【样文 1】Sheet2 中的数据进行数据筛选，要求仅显示所有科目均及格的学生成绩记录，其结果如【样文 2】Sheet2 所示。

（3）对【样文 1】Sheet3 中的数据进行合并计算，要求对各企业的年均利润进行合并，其结果如【样文 2】Sheet3 所示。

（4）对【样文 1】Sheet4 中的数据进行分类汇总，要求以系别为分类字段，对各科成绩的平均值进行汇总，其结果如【样文 2】Sheet4 所示。

（5）为【样文 1】Sheet5 中的数据建立一个数据透视表，要求以"系别"为分页，以"班级"为行字段，各科成绩为数据项，其结果如【样文 2】Sheet5 所示。

三、实训结果

【样文 2】Sheet1

	A	B	C	D	E	F	G	H	I
1	江西省通用技术工程学校12春季班考试成绩								
2	学号	姓名	语文	数学	办公自动化	体育	录入	常用工具软件	总分
3	19	曾佳琪	81	97	97	84	95	99	553
4	28	李云龙	98	93	90	81	88	57	507
5	1	王明珠	89	88	82	71	83	91	504
6	27	石东末	99	65	90	90	67	88	499
7	12	廖继勇	97	70	65	99	93	62	486
8	30	谭珍珍	79	62	95	64	88	92	480
9	29	张强	74	93	86	73	83	70	479
10	11	李康	79	72	97	93	85	50	476
11	7	赵丽萍	80	88	95	67	88	50	468
12	20	冯林彬	72	89	77	92	82	53	465
13	4	徐祥	62	99	69	89	62	83	464
14	14	陈敏寒	56	83	98	66	72	88	463
15	23	甘客林	50	94	97	63	66	87	457
16	26	吴有斌	96	56	86	85	67	66	456
17	16	吴家寿	84	97	65	53	71	85	455
18	8	蓝文态	71	53	97	94	59	75	449
19	6	沈营营	93	70	61	60	93	72	449
20	21	王必芳	91	53	58	51	71	94	448
21	17	廖娟强	78	83	77	80	64	62	444
22	24	张锟	53	80	96	54	75	81	439
23	2	彭宇馨	94	69	83	62	76	55	439
24	31	罗金雨	65	94	79	58	74	68	438
25	9	饶军	83	79	56	79	74	55	426
26	32	万碚凤	69	56	71	65	73	89	423
27	25	刘扬洲	64	57	96	65	50	89	421
28	33	黄雷	64	91	52	52	93	61	417
29	10	赵方	58	88	55	88	54	71	414
30	22	林庆扬	56	89	51	80	54	87	414
31	13	吴建军	70	84	57	68	70	64	413
32	5	万志鹏	80	74	53	50	65	87	409
33	18	薛佳铭	51	56	84	54	80	83	408
34	3	刘圣宝	74	91	59	78	52	54	408
35	15	杨雷	73	54	51	53	78	86	395
36									

【样文 2】Sheet2

	A	B	C	D	E	F	G	H	I
1					江西省通用技术工程学校12春季班考试成绩				
2	学号 ▼	姓名 ▼	语文 ▼	数学 ▼	办公自动 ▼	体育 ▼	录入 ▼	常用工具软件 ▼	总分 ▼
3	1	王明珠	89	88	82	71	83	91	504
6	4	徐祥	62	99	69	89	62	83	464
8	6	沈营营	93	70	61	60	93	72	449
14	12	廖维勇	97	70	65	99	93	62	486
19	17	廖维强	78	83	77	80	64	62	444
21	19	曾佳琪	81	97	97	84	95	99	553
29	27	石东东	99	65	90	90	67	88	499
31	29	张强	74	93	86	73	83	70	479
32	30	邵珍珍	79	62	95	64	88	92	480
36									

【样文 2】Sheet3

	A	B	C	D	E
1	2010年度校办企业主要企业利润统计表(万元)			2011年度校办企业主要企业利润统计表(万元)	
2	企业名称	纯利润		企业名称	纯利润
3	张庄锅炉厂	2328		红都方便面厂	8321
4	亚东制药有限公司	6830		红太阳超市	5360
5	新方洗衣粉厂	5581		金宝食品有限公司	3180
6	欣欣服饰有限公司	5230		利华酒业公司	5832
7	为民车辆厂	4864		利民鞋业有限公司	4280
8	天华食品有限公司	1202		天度水泵厂	2428
9	天度水泵厂	1428		天华食品有限公司	2202
10	利民鞋业有限公司	3680		为民车辆厂	3864
11	利华酒业公司	6432		欣欣服饰有限公司	4830
12	金宝食品有限公司	2480		新方洗衣粉厂	4981
13	红太阳超市	4360		亚东制药有限公司	5630
14	红都方便面厂	7321		张庄锅炉厂	3328
15					
16	校办企业主要企业年平均利润统计表(万元)				
17	企业名称	纯利润			
18	张庄锅炉厂	2828			
19	亚东制药有限公司	6230			
20	新方洗衣厂	5281			
21	欣欣服饰有限公司	5030			
22	为民车辆厂	4364			
23	天华食品有限公司	1702			
24	天度水泵厂	1928			
25	利民鞋业有限公司	3980			
26	利华酒业公司	6132			
27	金宝食品有限公司	2830			
28	红太阳超市	4860			
29	红都方便面厂	7821			
30					

【样文 2】Sheet4

1 2 3	A	B	C	D	E	F	G	H
1		江西省通用技术工程学校公共课考试情况表						
2	姓名	系别	班级	英语	哲学	历史	体育	
3	李小波	机电工程	1132	76	67	90	95	
4	任敏敏	机电工程	1132	87	83	90	88	
5	谭华	机电工程	1131	89	67	92	87	
6	王辉	机电工程	1131	72	75	69	80	
7		机电工程 平均值		81	73	85.25	87.5	
8	赵建军	计算机	1141	76	67	78	97	
9	韩冰	计算机	1142	97	83	89	88	
10	吴圆圆	计算机	1141	85	88	73	83	
11	司慧霞	计算机	1142	72	75	69	63	
12		计算机 平均值		82.5	78.25	77.25	82.75	
13	王刚	园林规划	1152	92	86	74	84	
14	张勇敢	园林规划	1151	92	87	74	84	
15	周华	园林规划	1151	76	85	84	83	
16	周敬捷	园林规划	1152	76	88	84	82	
17		园林规划 平均值		84	86.5	79	83.25	
18		总计平均值		82.5	79.25	80.5	84.5	
19								

【样文2】Sheet5

	A	B	C	D	E	F
1	系别	(全部)				
2						
3	班级	数据	汇总			
4	1131	平均值项:英语	80.5			
5		平均值项:哲学	71			
6		平均值项:历史	80.5			
7		平均值项:体育	83.5			
8	1132	平均值项:英语	81.5			
9		平均值项:哲学	75			
10		平均值项:历史	90			
11		平均值项:体育	91.5			
12	1141	平均值项:英语	80.5			
13		平均值项:哲学	77.5			
14		平均值项:历史	75.5			
15		平均值项:体育	90			
16	1142	平均值项:英语	84.5			
17		平均值项:哲学	79			
18		平均值项:历史	79			
19		平均值项:体育	75.5			
20	1151	平均值项:英语	84			
21		平均值项:哲学	86			
22		平均值项:历史	79			
23		平均值项:体育	83.5			
24	1152	平均值项:英语	84			
25		平均值项:哲学	87			
26		平均值项:历史	79			
27		平均值项:体育	83			
28	平均值项:英语汇总		82.5			
29	平均值项:哲学汇总		79.25			
30	平均值项:历史汇总		80.5			
31	平均值项:体育汇总		84.5			

Sheet1 / Sheet2 / Sheet3 / Sheet4 / Sheet5 /

项目九　Word 与 Excel 综合应用

任务一　在 Word 中使用 Excel

Word 中文版的优势在于对文字的处理和修饰，以及对文字和图形的编排。虽然 Word 中也有表格的处理，但对于处理那些有关数据统计与分析类的表格，则显得有些力不从心。在 Word 文档中插入 Excel 工作表或图表，是解决这些问题较为完美的方法。

Word 提供了几种将 Excel 数据插入 Word 文档的方法。

① 复制并粘贴工作表或图表到 Word 文档中。

② 将工作表或图表作为链接对象插入 Word 文档中。

③ 将工作表或图表作为嵌入对象插入 Word 文档中。

链接和嵌入这两种方法的主要不同点在于数据的存储位置和将数据放入文档后的更新方式。

④ 链接：以链接方式添加到 Word 文档中的表格或图表，其信息仍保存于源程序 Excel 中，无论何时编辑源文件中的内容，在 Word 目标文件中的这些内容都会自动更新，这称为"动态链接"。

⑤ 嵌入：以嵌入方式添加到文书文件的表格或图表，不会自动更新，而且数据将存放于目标文件中。

链接的优点是可以减小目标文件的大小，并保证数据均能自动更新。而使用嵌入方法添加对象时，信息全部被保存在一个 Word 文档中，所以如果要将文档的联机版本分发给那些没有权力独立维护工作表或图表中信息的用户时，它是一个有效的方法。当需要编辑嵌入对象时，必须双击对象进入源程序进行操作。完成编辑并返回后，目标文件中的数据才能更新。

一、利用原有的 Excel 作表或图表创建链接对象

1. 在 Word 文档中创建 Excel 图表的链接对象

① 同时打开 Word 文档和包含链接对象的 Excel 工作表文件。

② 切换到 Excel 工作表文件，然后拖动鼠标，选中用于创建图表的数据系列。

③ 单击"常用"工具栏中的"图表向导"按钮，使用"图表向导"创建所选数据系列的"簇状柱形图"，如图 9.1 所示。

④ 单击选中图表，然后单击"常用"工具栏中的"复制"按钮，或按 Ctrl+C 快捷键，复制所选图表。

⑤ 切换到 Word 文档，单击插入点，然后单击"编辑"菜单中的"选择性粘贴"命令，打开"选择性粘贴"对话框，如图 9.2 所示。

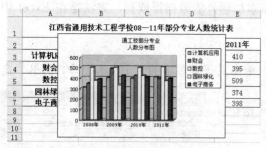

图 9.1 生成的 Excel 图表

图 9.2 "选择性粘贴"对话框

⑥ 单击选中"粘贴链接"单选钮。

⑦ 在"形式"列表框中选择"Microsoft Office Excel 图表对象"。

⑧ 如果要将链接添加的工作表或图表对象显示为图标（例如，其他入希望联机查看此文件），应选中"显示为图标"复选框。

⑨ 单击"确定"按钮，最终效果如图 9.3 所示。

2. 在 Word 文档中创建 Excel 工作表的链接对象

① 在 Excel 工作表中，选定需要复制的单元格区域，如图 9.4 所示，然后单击"复制"按钮。

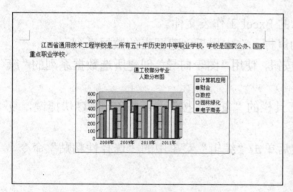

图 9.3 Excel 图表被链接到 Word 文档中

图 9.4 要复制的单元格区域

② 切换到 Word 文档中，在需要插入单元格区域的位置单击鼠标左键。

③ 在 Word 的"编辑"菜单中，单击"选择性粘贴"命令，打开"选择性粘贴"对话框。

④ 选择"粘贴链接"单选钮。

⑤ 选择"Microsoft Office Excel 工作表对象"选项，和插入图片一样，粘贴后只可以调整其大小和位置。如果选择"带格式文本（RTF）"选项，可以在 Word 文档中将单元格粘贴为表格，还可调整其大小并设置格式。如果选中"无格式文本"选项，可以将单元格粘贴为以制表符分隔的文本。

⑥ 单击"确定"按钮。

执行上述的链接粘贴后，在 Excel 中的原始数据改变后，目标文件（Word）中的相应信息也得到更新。"链接图片"将会按照当前源工作簿中的显示方式，来反映列宽和原始单元格的其他格式。

如果已经对单元格区域进行链接之后又需添加额外的数据行或列，方法是在 Excel 中为区域命名，操作步骤如下。

① 在 Excel 中选定区域。

② 单击"插入"菜单中的"名称"命令，单击其子菜单中的"定义"命令，打开"定义名称"对话框，如图 9.5 所示。

③ 在编辑框中输入区域名，单击"添加"按钮，然后单击"确定"按钮。

④ 单击"常用"工具栏的"复制"按钮，或按 Ctrl＋C 快捷键。

⑤ 在 Word 文档中将单元格区域粘贴为链接对象。

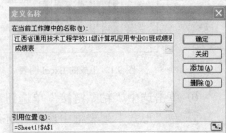

⑥ 在 Excel 中添加更多的数据，并重新定义区域

图 9.5 "定义名称"对话框

将额外的单元格包括进去。新增的数据将在下一次更新链接时，添加到 Word 中的链接对象。

二、利用原有的 Excel 工作表或图表创建嵌入对象

1. 在 Word 文档中创建 Excel 图表的嵌入对象

① 同时打开 Word 文档和包含嵌入对象的 Excel 工作表文件。

② 切换到 Excel 工作表文件，然后拖动鼠标，选中用于创建图表的数据系列。

③ 单击"常用"工具栏的"图表向导"按钮，使用"图表向导"创建所选数据系列的"簇状柱形图"，如图 9.1 所示。

④ 单击选中图表，然后单击"常用"工具栏的"复制"按钮，或按 Ctrl＋C 快捷键，复制所选图表。

⑤ 切换到 Word 文档，单击插入点，然后单击"编辑"菜单中的"选择性粘贴"命令，打开"选择性粘贴"对话框，如图 9.2 所示。

⑥ 单击选中"粘贴"单选钮。

⑦ 在"形式"列表框中选择"Microsoft Office Excel 图表对象"。

⑧ 如果要将嵌入的图表对象显示为图标（例如，其他入希望联机查看此文件），应选中"显示为图标"复选框。

⑨ 单击"确定"按钮关闭对话框，完成创建嵌入对象。

2. 在 Word 文档中创建 Excel 工作表的嵌入对象

如果要快速将整个工作表嵌入 Word 文档，应按以下步骤操作。

① 在 Word 文档中，单击插入点。

② 单击"插入"菜单中的"对象"命令，打开"对象"对话框，单击"由文件创建"选项卡，如图 9.6 所示。

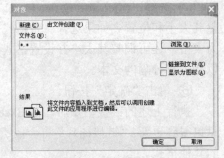

图 9.6 "由文件创建"选项卡

③ 在"文件名"文本框中，键入要用它创建嵌入对象的工作表名称，或者单击"浏览"按钮在列表中选择文件，最后清除"链接到文件"复选框。

④ 根据需要选中或清除"显示为图标"复选框。

⑤ 单击"确定"按钮。

无论用"选择性粘贴"命令还是用"插入对象"命令创建嵌入的 Excel 对象时，Word 会自动将整个工作表插入文档（如果使用"选择性粘贴"命令，嵌入对象只显示所选工作表数据；如果使用"插入对象"命令，嵌入对象显示工作表的首页）。无论哪种情况，一次只能显示工作簿中的一个工作表；要显示不同的工作表，应先双击此嵌入对象，然后单击另一个工作表。

三、新建嵌入的 Excel 工作表或图表

如果在文档制作过程中，需要创建一个含有计算内容的表格，而这个表格并没有以电子表格的形式存在，必须自己建立，此时，可采用直接嵌入的方法。执行操作如下。

① 在 Word 文档中，单击要插入新工作表或图表的位置。

② 单击"插入"菜单中的"对象"命令，然后单击"新建"选项卡，如图 9.7 所示。

③ 单击"对象类型"列表框中的"Microsoft Excel 工作表"或"Microsoft Excel 图表"命令。

④ 如果希望将嵌入的工作表或图表显示为图标，应选中"显示为图标"复选框。

⑤ 单击"确定"按钮，新建嵌入 Excel 工作表的窗口如图 9.8 所示。

图 9.7 "新建"选项卡

图 9.8 新建嵌入 Excel 作表的窗口

⑥ 编辑、输入工作表或图表。

在 Word 中创建了嵌入的 Excel 工作表对象后，虽然只显示一个工作表，但实际上是全部工作表都被插入到文档中。双击嵌入对象，然后单击另一个工作表，就可显示不同的工作表。

任务二 在 Excel 中使用 Word

一、在 Excel 工作表中插入 Word 文档

在 Excel 工作表中插入 Word 文档，主要有两种方式。

① 如果文书需要重新输入，可在 Excel 工作表中直接创建。

② 如果文书已存在，可直接由文件引入。

1．在 Excel 中新建 Word 文档

① 在 Excel 工作表中，单击要新建文档的单元格。

② 单击"插入"菜单中的"对象"命令，然后单击"新建"选项卡。

③ 单击"对象类型"列表框中的"Microsoft Word 文档"选项。

④ 如果要将嵌入的文档显示为图标，应选中"显示为图标"复选框。

⑤ 单击"确定"按钮，窗口如图 9.9 所示。

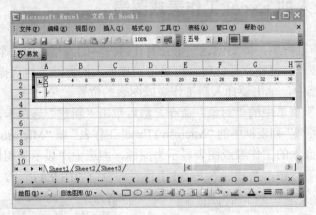

图 9.9 新建嵌入的 Word 文档

⑥ 输入和编辑文书。

这时窗口的菜单和工具栏已变成熟悉的 Word 窗口的样式，在其中编辑和格式化文档，与在 Word 中基本一样。

2．在 Excel 中直接插入已存在的 Word 文档

① 在 Excel 工作表中，单击要插入 Word 文档的单元格。

② 单击"插入"菜单中的"对象"命令，打开"对象"对话框，然后单击"从文件创建"选项卡。

③ 单击"浏览"按钮，打开"浏览"对话框，在列表框中选择要插入的 Word 文档，单击"插入"按钮。

④ 如果要将嵌入的文档显示为图标，应选中"显示为图标"复选框。

⑤ 如果希望以嵌入方式插入文档，清除"链接文件"复选框。

⑥ 单击"确定"按钮，窗口如图 9.10 所示。

⑦ 如果需要，还可编辑和修改文档。

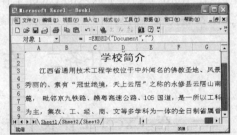

图 9.10 嵌入已存在的 Word 文档

⑧ 在 Excel 中单击 Word 文档编辑区以外的其他位置，在工作表中将显示完整的文书，对象插入完成。

从已存在的 Word 图片文件中引入图片，操作同引入文档文件相同，在此不再叙述。

二、将 Word 表格复制到 Excel 作表

为了使用 Excel 强大的运算和管理数据清单的能力来处理 Word 表格中列出的数据，可以从 Word 中复制表格，然后将表格的单元格粘贴到 Excel 工作表中。

① 在 Word 中，选定表格中需要复制的行和列。如果需要选定整个表格，应在表格中单击，然后单击"表格"菜单中的"选定"命令，再单击其子菜单中的"表格"选项。

② 单击"常用"工具栏中的"复制"按钮，或按 Ctrl＋C 组合键。

③ 切换到 Excel 工作表中。

④ 在需要粘贴表格的工作表区域左上角单击。

⑤ 单击工具栏中的"粘贴"按钮，被复制表格中的单元格将会替换此区域中任何已有的单元格。

任务三　宏　的　使　用

宏是 Word 和 Excel 提供的一个很好的扩展功能，是将一系列的 Word 或 Excel 命令或指令组合在一起形成一个命令，以实现任务执行的自动化。使用宏功能可以简化排版操作，加快排版的速度。就本书而言，每一章中都有若干个图片，一本书就有几百个图片。如果在排版时每一个图片都要打开"设置图片格式"对话框来调整，将很烦琐，并且容易前后格式不统一。而应用宏功能，就可以大大提高排版速度。

Word 和 Excel 提供了两种创建宏的方法：宏录制器和 Visual Basic 编辑器。使用宏录制器可以快速创建宏；在 Visual Basic 编辑器中可打开已经录制的宏并修改其中的指令。

一、录制并运行宏

1. 在 Word 中录制宏并指定到键盘

以插入表格为例，使用 Word 的宏录制器录制宏，并为其指定快捷键 Alt+Shift+Z，操作步骤如下。

① 打开"工具"菜单，选择"宏"选项，单击"录制新宏"命令，打开"录制宏"对话框，如图 9.11 所示。

② 在"宏名"文本框中输入宏的名字"插入表格宏"。

③ 单击"录制宏"对话框中的"键盘"按钮，弹出"自定义键盘"对话框，如图 9.12 所示。在"请按新快捷键"文本框中输入"Alt+Shift+Z"，然后单击"指定"按钮。

图 9.11　"录制宏"对话框

④ 单击"关闭"按钮，鼠标指针下面出现一个录影带的样子，表示开始宏的录制了。

⑤ 单击工具栏上的"插入表格"按钮，插入一个 3×5 的表格。

⑥ 单击"停止录制"工具栏上的"停止"按钮，一个宏就录制完成了。

2. "插入表格宏"的运行

方法 1：打开"工具"菜单，单击"宏"选项，单击"宏"命令，打开"宏"对话框，选择"插入表格宏"选项，如图 9.13 所示，单击"运行"按钮，一个表格就插入进来了。

方法 2：按快捷键"Alt+Shift+Z"，一个表格也插入进来了。

图 9.12 "自定义键盘"对话框

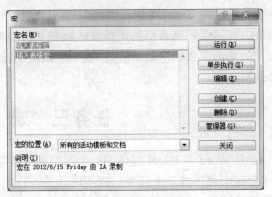

图 9.13 "宏"对话框

3. 在 Excel 中录制宏

以将选定单元格行高设置为 20 和列宽设置为 12 为例，使用 Excel 的宏录制器录制宏，并为宏命名为"A8B1"，指定快捷键为"Ctrl+Shift+Z"，操作步骤如下。

① 打开"工具"菜单，选择"宏"选项，单击"录制新宏"命令，打开"录制新宏"对话框，如图 9.14 所示。

② 在"宏名"文本框中输入宏的名字"A8B1"。

③ 用鼠标单击"快捷键"文本框，键入"Shift+Z"组合键。

④ 单击"确定"按钮，鼠标指针下面出现一个录影带的样子，表示开始宏的录制了。

图 9.14 "录制新宏"对话框

⑤ 在"格式"菜单中选择"行"，然后在子菜单中单击"行高"，在"行高"对话框中的"行高"文本框输入 20，设置好行高。

⑥ 在"格式"菜单中选择"列"，然后在子菜单中单击"列宽"，在"列宽"对话框中的"列宽"文本框输入 12，设置好列宽。

⑦ 单击"停止录制"工具栏上的"停止"按钮，宏就录制完成了。

4. 宏的运行

方法 1：打开"工具"菜单，单击"宏"选项，单击"宏"命令，打开"宏"对话框。

选择"A8B1"，如图 9.15 所示，单击"执行"按钮，就设置好了单元格的行高和列宽。

方法 2：按快捷键"Ctrl+Shift+Z"，也设置好了单元格的行高和列宽。

二、宏的安全性

使用宏时要注意，在文件打开时如果 Word 和 Excel 提示有宏，而不能确认这个宏的来源，是否有宏病毒，这时最好选择不启用宏。

宏病毒是一种寄存在文档或模板中的计算机病毒。一旦打开这样的文档，宏病毒就会被激活，并驻留在内存中的 Normal 模板中。这样，所有自动保存的文档都会感染上这种宏病毒，而且如果网络上其他用户打开感染了宏病毒的文档，宏病毒又会转移到该用户的计算机上。

Excel 具有检测宏病毒的功能。单击"工具"菜单中的"宏"命令，再从其子菜单中选择"安全性"命令，打开如图 9.16 所示的"安全性"对话框。

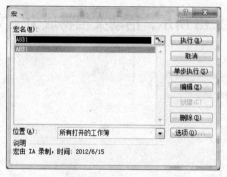

图 9.15　"宏"对话框

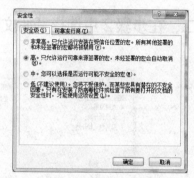

图 9.16　"安全性"对话框

在"安全级"选项卡中，可选择一种安全级别。

"非常高"选项：只允许运行可靠来源签署的宏，未经签署的宏会自动取消。

"中"选项：用于打开一个包含宏的文档时，如果该宏不是来自可靠的来源，将显示一个警告框，提示带宏打开文档还是不带宏打开文档。

"无"选项：确信文档和加载项都是安全的，可以关掉宏检查。

在"可靠发行商"选项卡中，将列出所有已安装的模板和加载项，可以指定其中哪些是确信可靠的。

任务四　邮件合并

"邮件合并"功能就是"批量生产"邮件。例如，会议通知信函、邮件标签、信封、学生成绩通知单等，其内容和格式是相同的，不同的是接收人的姓名、通信地址等。利用邮件合并功能，可快速地制作出内容、格式相同，而部分项目不同的多份文档。

邮件合并的大致过程是：首先把固定的内容编制成一份"主文档"，而把变化的部分制作成"数据源"，然后将数据源合并到主文档中，形成批量邮件的"合并文档"。

一、选择文档类型

① 打开已有的信函或创建新信函。

② 单击"工具"菜单中"信函与邮件"子菜单中的"邮件合并"命令。

③ 在"邮件合并任务窗口"中选择当前文档类型，单击"下一步"按钮，如图 9.17 所示。

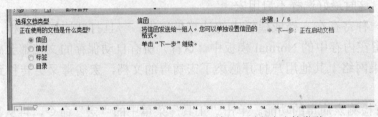

图 9.17 "邮件合并任务窗口"对话框——选择主文档类型

二、在步骤 2 中选择开始文档，如图 9.18 所示，活动文档将成为主文档

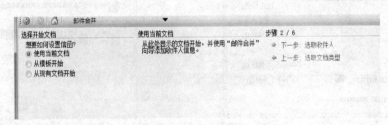

图 9.18 选择开始文档

三、创建或打开数据源

① 创建新数据源。如果用户尚未在数据源中存储姓名、地址和其他数据，并希望将这些数据保存在 Word 表格中，则可以使用这种方法。

② 使用现有数据源中的数据。单击"选择收件人"下的"键入新列表"选项，然后单击"创建"命令，如图 9.19 所示。选择 Microsoft Word 文档、工作表、数据库或其他列表，再单击"打开"按钮。

图 9.19 "邮件合并任务窗格"对话框——新建数据源

③ 输入地址信息，如图 9.20 所示。

④ 也可以打开已有的数据源，在邮件合并任务窗口"选择收件人"下选择"使用现有列

表"，单击"浏览"按钮，弹出"选取数据源"选择已有的数据源即可。

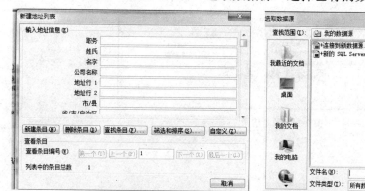

图 9.20 新建地址列表

图 9.21 "选取数据源"对话框

⑤ 选择数据源中所需要的表格及需要的数据记录，如图 9.22 所示。

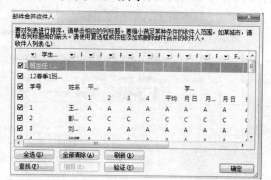

图 9.22 选取需要的数据

四、撰写信函

① 在主文档中输入需要重复出现在每封套用信函中的文本。

② 在需要从数据源中合并姓名、地址或其他信息的位置插入相应数据，如"地址块"、"问候语"、"电子邮政"或"其他项目"，如图 9.23 所示。

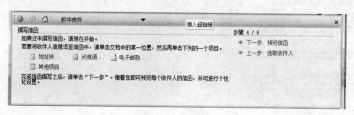

图 9.23 撰写信函

五、预览信函

在撰写好信函后可以对将要生成的信函进行预览，并对生成的信件进行单个删除处理，如图 9.24 所示。

图 9.24　预览信函

六、完成合并

在确认数据源在信函中插入无误后即可完成合并。合并时可以选择合并后直接由打印机打印或者将生成的文件保存在文档文件中，如图 9.25 所示。

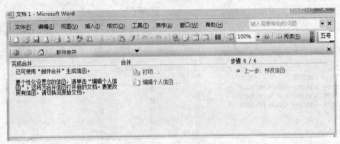

图 9.25　合并数据源

项目综合实训

一、实训素材

【样文 1】

【样文 2】

【图片 1】

二、实训要求

（1）为【样文 1】中的文件录制一个宏，打开文档 9-3.doc，以 A8 为宏名录制宏，快捷键为"Shift+Alt+F"，要求设置字体格式为华文行楷，加粗、四号、红色、带下画线，行间距为固定值 25 磅。利用快捷键将录制的宏应用在第一段文字中。其结果如【样文 3】所示。

（2）新建一个 Word 文档，并绘制出【样文 2】中的工作证，利用职工信息.xls 中的数据来进行邮件合并，批量制作带照片的工作证，如【样文 4】。

【样文 3】

放飞一只青鸟，在永恒的生命里

————巴山夜雨

小时候，画在手腕上的表是静止的，生活是干净的，心是天真的；长大后，戴在手腕上的表是不停的，生活是忙碌的，心是倦怠的；再后来，套在手腕上的表是回家的，生活是平静的，心是沧桑的。那人，那事，那情，也许只有放逐时间，才念起，才清晰，才澄明！

生命，无需刻意，只要尽心；无需强求，只要无悔；无需掩饰，只要真诚。

生命的时光，总是谱着小曲悠悠的流逝，让人来不及把那些最动听的音符储存。每一段岁月，都谱写了迷人的旋律，无不让人痴迷，即使多年后，偶然听来，也能找回最初的回忆，最初的纯真，最初的情怀。

让心随着音乐一起律动，一起放逐思绪，一起精彩生命！

生命，是一泓流动的清泉。它源自洁净地下，纯澈清然，它是一段经历，一些情节，也是一路风景；它流过山涧丛林，不息不止，它唤醒了月光，植入了柔情，也眷恋了心事；它流深远方，静美执著，它潮湿了视线，涤荡了岁月，更洗濯了心灵。

清风徐来，缱绻的涟漪，是谁的诗行；一叶扁舟，依风而行，是谁的箫声；一抹夕阳，淡然心情，又是谁的前影。

【样文4】

江西省通用技术工程学校

编号： 001

姓名： 朱剑

职务： 教师

日期： 2012年1月

项目十 PowerPoint 2003 的操作

任务一 PowerPoint 2003 概述

PowerPoint 2003 是微软公司推出的 Microsoft Office 2003 办公套件中的一个重要组件。它可在 Microsoft Windows 系统下运行，是一个专门用于编制电子文稿和幻灯片的软件。它是一种用来表达观点、演示成果、表达信息的强有力的工具。PowerPoint 2003 广泛运用于各种会议、产品演示、学校教学，具有强大的整合多媒体信息的能力。

一、启动 PowerPoint 2003

安装完 PowerPoint 2003 之后，它的名字会自动加到【开始】菜单中，PowerPoint 2003 的快捷方式图标也会在桌面上显示（如果在安装时选择了桌面上创建快捷方式），可以利用它们启动 PowerPoint 2003。下面将介绍两种启动 PowerPoint 2003 的方法。

1．利用"开始"菜单

启动的步骤如下：单击任务栏左端的"开始"按钮，此时屏幕上会出现一个菜单，将鼠标指向其中的"程序"子菜单，在随后出现的菜单中单击 PowerPoint 2003 命令即可。

2．利用快捷方式

在 Windows 桌面上直接双击 Microsoft PowerPoint 2003 快捷方式图标，就可以启动 PowerPoint 2003。

二、退出 PowerPoint 2003

当完成了演示文稿的编辑以后，需要存盘退出。退出 PowerPoint 2003 也有两种方法。
① 选择"文件"｜"退出"菜单命令。
② 直接单击 PowerPoint 2003 窗口标题栏上的"关闭"按钮。

如果在退出之前没有保持演示文稿，则在执行"退出"命令之后，PowerPoint 2003 会出现警告对话框（见图 10.1），提示应保存文档。若单击"是"按钮，则 PowerPoint 2003 保存对演示文稿的修改，然后退出；如单击"否"按钮，则不保存修改而直接退出，本次对文稿的修改将丢失，文稿回到上一次保存时的状态；如单击"取消"按钮，则取消退出，返回 PowerPoint 2003 工作窗口。

图 10.1 警告对话框

三、PowerPoint 2003 的新增功能

1．PowerPoint 发展历史

PowerPoint 2003 是微软公司推出的套装办公软件 Office 的组成部分之一，利用它可以快捷地制作各种具有专业水准的演示文稿、彩色幻灯片及投影胶片，并动态地展现出来。在 Office 97 中 PowerPoint 只具有简单幻灯片的编辑和制作功能。随着办公软件 Office 在当今各行业领域的广泛普及，微软公司推出了全新的 PowerPoint 2000。在 PowerPoint 2000 中提供了全新的三框式工作界面以及自动调整显示画面等功能。特别是在多媒体功能上的改进，使 PowerPoint 不仅是演示文稿制作专业软件，更主宰了制作多媒体的市场。以后推出的 PowerPoint 2002 系列，为人们提供了更加方便高效的演示文稿制作平台，增强了向导功能，特别是新增加的任务窗格将版式、设计模板和配色方案组织在幻灯片旁边的虚拟库中，并且可以将多个设计模板应用到演示文稿中。随后推出的 PowerPoint 2003，不但继承了旧版本的优良特点，在外观、信息检索、协作、多媒体演示、网络和服务上还增加了一些新的内容。

2．PowerPoint 2003 的新外观

PowerPoint 2003 具有开放和充满活力的新外观及全新的、经过改进的任务窗格。新的任务窗格除了开始、新建演示文稿、帮助、幻灯片版式、幻灯片设计以外，还包括开始工作、帮助、搜索结果、共享工作区、文档更新、信息检索等新增加功能，如图 10.2 所示。

3．信息检索任务窗格

新的"信息检索"任务窗格可利用互联网络，将中文翻译成英文或者将英文翻译成中文。"信息捡索"任务窗格还支持同义词搜索，这是 Microsoft Office PowerPoint 2003 的新增功能。此功能是查找同义词以便提高演示文稿质量的最佳工具，如图 10.3 所示。

图 10.2　任务窗格

图 10.3　"信息检索"任务窗格

4.新幻灯片放映导航工具

在演示文稿播放过程中，精巧而典雅的【幻灯片放映】工具栏可方便地进行幻灯片放映导航，包括上一页、下一页、画笔、幻灯片放映菜单等操作功能，如图 10.4 所示。

5.改进后的墨迹注释功能

使用 Microsoft Office PowerPoint 2003 中的墨迹功能审阅幻灯片，在幻灯片上进行标记，不仅可在播放演示文稿时保存所使用的墨迹，也可在将墨迹标记保存在演示文稿中之后，打开或关闭幻灯片放映标记。PowerPoint 2003 中的橡皮的功能更加丰富，不但可以一次擦除所有墨迹，而且还可以一步步擦除墨迹。

6.新的智能标记

Microsoft Office PowerPoint 2003 已经增加了常见智能标记支持。PowerPoint2003 所包含的智能标记识别器列表中包括人名、中文日期、中文度量单位等，如图 10.5 所示。

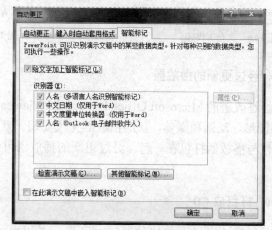

图 10.4　幻灯片放映导航工具　　　　　　　　图 10.5　新的智能标记

7.文档工具区

使用文档工作区可简化通过 Microsoft Office PowerPoint 2003 与其他人实时进行协同创作、编辑和审阅文档。使用文档工作区可以方便地协同处理文档，或者直接在文档工作区副本上进行操作。或者在其各自的副本上进行操作，从而可定期更新已经保存到文档工作区网站上副本中的更改，如图 10.6 所示。

8.信息权限管理

在信息共享时，常常发生这种情况，发送信息的管理员要将一些敏感信息发送给收件人，但这些敏感信息仅可以通过限制对存储信息的网络或计算机的访问来进行控制。如果用户被赋予了访问权限，就会对如何处理内容或将内容发送给谁没有任何限制。这种内容分发很容易使敏感信息扩散到并不希望让其接收这些信息的人员。Microsoft Office PowerPoint 2003 提供了一种称为"信息权限管理"的新功能，可防止因为意外或粗心将敏感性信息发给不该收到它的人的情况发生，如图 10.7 所示。

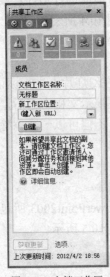

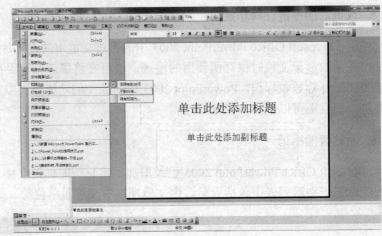

图 10.6　文档工作区　　　　　　　　　　图 10.7　信息权限管理

9. 经过更新的播放器

经过改进的 Microsoft Office PowerPoint Viewer 可进行高保真输出，并可支持 PowerPoint 2003 图形、动画和媒体。新的播放器无须安装。默认情况下，新的打包成 CD 功能将演示文稿文件与播放器打包在一起。经过更新的播放器可在 Microsoft Windows 98 或更高版本上运行。

10. 打包成 CD

打包成 CD 可有效地分发演示文稿，是 PowerPoint 2003 的新增功能。打包成 CD 允许将演示文稿打包到文件夹而不是 CD 中。经过更新的 Microsoft Office PowerPoint Viewer 也包含在打包的文件夹中。因此，没有安装 PowerPoint 和播放器的计算机也可以播放演示文稿。

四、PowerPoint 2003 的界面组成

PowerPoint 2003 的界面具有开放的、充满活力的新外观。在学习 PowerPoint 2003 的基本操作命令之前，首先了解一下它的工作界面，如图 10.8 所示。

- **标题栏:** 包括窗口控制菜单、应用程序名称、演示文稿名称、窗口控制等按钮。
- **菜单栏:** 包则"文件"、"编辑"、"视图"、"插入"、"格式"、"工具"、"幻灯片放映"、"窗口"和"帮助"菜单项。这些菜单包含了 PowerPoint 2003 的全部控制功能。
- **工具栏:** 与菜单功能相对应，包含 PowerPoint 2003 中的所有控制按钮。
- **演示文稿编辑区域:** 包含"幻灯片编辑"窗格、"大纲"窗格、"备注"窗格和"任

务"窗格 4 个窗格。

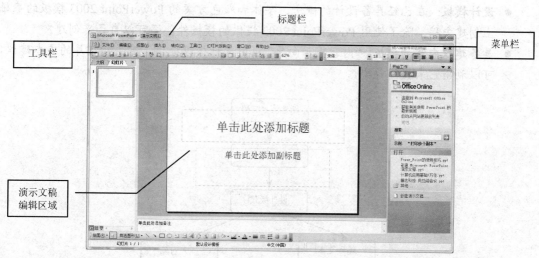

图 10.8　工作界面

五、演示文稿编辑区域

演示文稿编辑区域是 PowerPoint 2003 工作界面中最重要的部分，所有幻灯片的制作都在这个区域中完成。在演示文稿的编辑区域中包括以下 4 个窗格。

- **"幻幻片编辑"窗格：**在工作界面正中间的区域称为"幻灯片编辑"窗格。它的主要任务是负责幻灯片中对象的编辑、复制、插入、删除等。
- **"大纲"窗格：**位置在"幻灯片编辑"窗格的左侧。它的主要任务是负责插入、复制、删除、移动整张幻灯片。
- **"备注"窗格：**位置在"幻灯片编辑"窗格的下方。它的主要任务是为演讲者演讲时提供提示信息。
- **"任务"窗格：**位置在"幻灯片编辑"窗格的右侧。它包括常用快捷工具和参数设置，可以节省工作时间，提高工作效率。

任务二　演示文稿的创建与编辑

PowerPoint 2003 的功能十分强大，而且设计起来较为灵活。为了说明演示文稿的制作思路，将制作演示文稿的一般过程制作成如图 10.9 所示的流程图。

一、创建 PowerPoint 2003 演示文稿

PowerPoint 2003 中的"新建演示文稿"任务窗格提供了一系列创建演示文稿的方法。

- **创建空白文稿：**从具备最少的设计而且未应用颜色的幻灯片开始创建。
- **现有的演示文稿：**在已经书写或设计过的演示文稿的基础上创建演示文稿。使用这

命令可以创建现有的演示文稿的副本，从而对其进行设计或更改内容。

● **设计模板**：在已经具备设计的概念、字体和颜色方案的 PowerPoint 2003 模板的基础上创建文稿。除了使用 PowerPoint 2003 提供的模板外，还可以自己来创建。

● **具备建议内容的模板**："内容提示向导"应用设计模板提供了有关幻灯片的文本建议，可以利用它来提高效率。

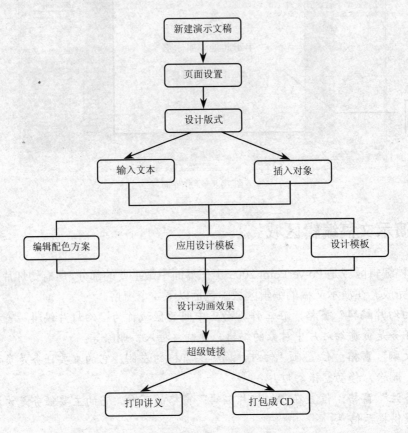

图 10.9　制作演示文稿流程图

下面通过例子一一说明。

1．利用【空演示文稿】创建演示文稿

① 单击"文件"菜单下的"新建"命令，然后打开右侧"新建演示文稿"任务窗格。

② 在任务窗格中选择"空演示文稿"。

③ 在"单击此处添加标题"中输入"国家级重点中等专业学校——江西省通用技术工程学校"，就可以得到如图 10.10 所示的效果。

④ 添加完成后，选择"文件"菜单下"保存"命令，出现图 10.11 所示的"另存为"对话框，在"文件名"文本框中输入"江西省通用技术工程学校"，然后单击"确定"按钮，演示文稿就被保存了。

图 10.10　创建空白文稿　　　　　　　　　　　图 10.11　文稿另存为

2．利用设计模板创建演示文稿

在 PowerPoint 中还有一种常用的创建演示文稿的方法，即利用设计模板创建。具体的操作如下。

① 在"新建演示文稿"的任务窗格中选择"根据设计模板"选项。在任务窗格中出现各种设计精美的模板。

② 在右边的"幻灯片设计"任务窗口中选择一种合适的模板，选择后的效果如图 10.12 所示。

③ 用户可以在空的演示模板中输入文本。

3．利用内容提示向导创建演示文稿

对于 PowerPoint 的初学者，利用内容提示向导不但能够感受到 PowerPoint 2003 强大的编辑功能，而且能够创建出方便、快捷的模板。具体的操作步骤如下。

① 打开"新建演示文稿"任务窗格，从中选择"根据内容提示向导"选项，打开对话框如图 10.13 所示。

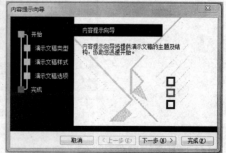

图 10.12　利用设计模板创建演示文稿　　　　图 10.13　"内容提示向导"第 1 步

② 单击"下一步"按钮，这时会出现图 10.14 所示的对话框，可以从中选择一种类型。

③ 单击"下一步"按钮，进入图 10.15 所示的对话框，可以从中选择一种输出类型。

图 10.14　选择"常规"→"培训"文稿类型

图 10.15　【内容提示向导】第 3 步

④ 单击"下一步"按钮，进入图 10.16 所示的对话框，可以分别在"演示文稿标题"和"页脚"文本框中输入有关信息。

⑤ 单击"下一步"按钮，打开如图 10.17 所示的对话框，出现"完成"提示。

图 10.16　"内容提示向导"第 4 步

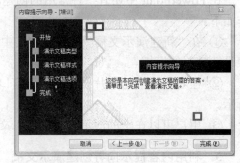

图 10.17　"内容提示向导"第 5 步

⑥ 单击"完成"按钮，出现如图 10.18 所示的效果。至此，演示文稿就创建完成，用户可以对演示文稿进行编辑。

图 10.18　"内容提示向导"第 6 步

4. 根据模板创建

根据模板创建演示文稿的方法如下。

① 打开"新建演示文稿"任务窗格，单击"本机上的模板"，选择"演示文稿"，打开如图 10.19 所示的对话框。

图 10.19　利用模板创建演示文稿

② 在对话框中选择一种模板，然后单击"确定"按钮。

二、占位符

在 PowerPoint 的每张幻灯片中都有一些虚线框，这些虚线框称为占位符。在占位符中可以插入文字信息、对象内容等。在 PowerPoint 2003 中占位符和文本框起着至关重要的作用，必须在含有占位符和文本框的幻灯片中插入和编辑内容。

1．占位符的状态

占位符有两种状态，一种是文本编辑状态，另一种是占位符选中状态。它们的区别主要是边框的形状。

- 文本编辑状态：用鼠标在占位符中单击，出现一个插入符。此时占位符处于文本编辑状态。在文本编辑状态中可以进行文字输入、编辑、删除等操作。在文本编辑状态下输入文字，如图 10.20 所示。
- 占位符选中状态：在占位符的虚线框上单击，此时占位符处于选中状态。在选中状态可以移动、复制、粘贴占位符，调整占位符的大小等。在选中状态下的占位符，如图 10.21 所示。

图 10.20　在文本编辑状态下输入文字

单击此处添加副标题

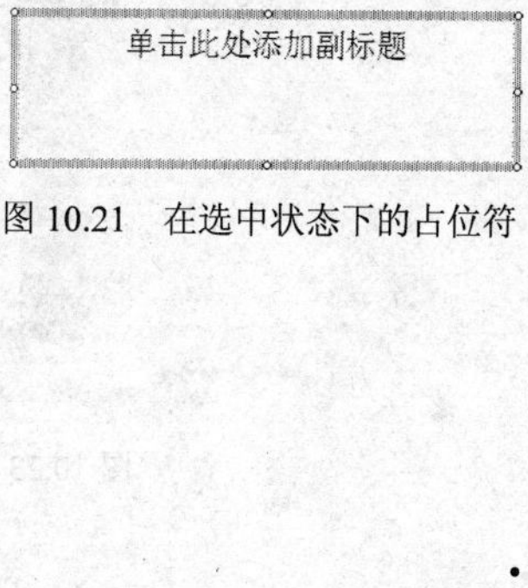

图 10.21　在选中状态下的占位符

2．占位符的移动、复制、粘贴和删除操作

占位符就像文本框一样可以移动、复制、粘贴和删除。

① 占位符的移动方法：单击占位符的边框，使占位符处于选中状态，然后在边框上按住鼠际左键，出现拖动光标，可以向任意方向拖动占位符。

② 占位符的复制和粘贴方法：单击占位符的边框，使占位符处于选中状态。在边框上单击鼠标右键，打开快捷菜单，在菜单中选择"复制"命令。然后在幻灯片中需要放置副本的位置上单击鼠标右键，选择快捷菜单中的"粘贴"命令，可立即创建占位符副本。

③ 占位符的删除方法：单击占位符的边框，使占位符处于选中状态。按下键盘上的 Delete 键，即可删除占位符及其中的内容。

3．设置占位符属性

在 Word 中，可以编辑文本框的边框，给文本框填充颜色，调整文本框的位置。而在 PowerPoint 2003 中，也可以对占位符的属性进行设置。

设置占位符边框的方法有两种，一种是通过右键菜单设置占位符的格式，另一种是通过"格式"菜单设置占位符的格式。

① 通过右键菜单设置占位符格式。操作方法：选中占位符，在占位符上单击鼠标右键，出现快捷菜单，选择"设置占位符格式…"命令，打开【设置自选图形格式】面板，如图 10.22 所示。

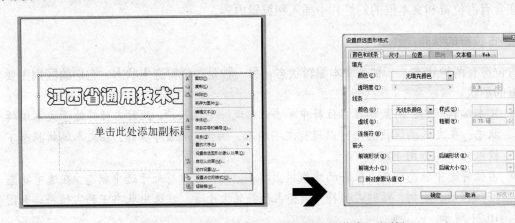

图 10.22　通过下拉菜单打开"设置自选图形格式"对话框

② 通过【格式】菜单设置占位符格式。操作方法：进入占位符的文字编辑状态，选择"格式/占位符"菜单命令，打开"设置自选图形格式"对话框，如图 10.23 所示。

图 10.23　通过菜单打开"设置自选图形格式"对话框

三、编辑幻灯片中的段落

对幻灯片中的多行文本，可以像 Word 一样设置段落属性和项目符号、编号，使文本清晰、整齐和美观。

设置段落间距

下面以一张幻灯片为例，学习段落间距的设置方法，其操作步骤如下。

① 首先打开如图 10.24 所示的幻灯片，浏览其中的内容。可以看出文稿中没有进行段落间距的设置，使多行文本显得又密又乱。

② 选中所有文本，单击"格式/行距"菜单命令，打开"行距"对话框。将"段前"设置为"0.5 行"，将"行距"设置为"1.2 行"，单击"确定"按钮，如图 10.25 所示。

图 10.24　幻灯片原稿

图 10.25　对段间距和行距的设置

调整段落间距后的结果，如图 10.26 所示。

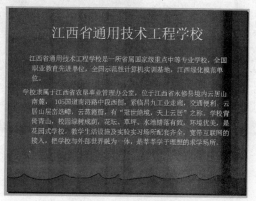

图 10.26　调整好的效果

四、自动项目符号和编号

在幻灯片中强调重点的地方，或者强迫文字换行的地方全出现系统自带的项目符号，如

图 10.27 所示。

如果对系统提供的项目符号和编号不满意，可以重新插入。其操作步骤如下。

① 用鼠标选中该文本的所有内容，单击"格式/项目符号和编号"菜单命令，打开"项目符号和编号"对话框，如图 10.28 所示。

图 10.27　系统自带的项目符号

图 10.28　"项目符号和编号"对话框

② 单击"图片"按钮，打开"图片项目符号"对话框。在该对话框中带有许多项目符号样式。选取一种需要的项目符号，单击"确定"按钮，即可给每个段落添加喜欢的图片项目符号。如果项目符号太小，可以单击"大小"微调按钮，设置其中的值可调整项目符号的大小。插入图片项目符号的效果如图 10.29 所示。

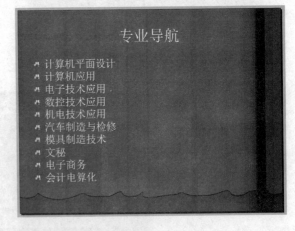

图 10.29　插入图片项目符号

五、插入图片

在 PowerPoint 2003 中可以插入各种来源的图片，如其他图形图像软件生成的图片、Internet 上下载的图片、利用扫描仪和数码相机输入的图片等。

在 PowerPoint 2003 中插入图片有两种方法：一种是通过来自文件，另一种是通过插入对象工具面板。

1．通过来自文件插入图片

通过来自文件插入图片，其操作步骤如下。

① 选择"插入/图片/来自文件…"菜单命令，打开"插入图片"对话框，如图 10.30 所示。

② 单击"查找范围"下拉列表框旁边的下三角按钮，选择图片所在路径。

③ 选中需要的图片，单击"插入"按钮，在幻灯片上插入该张图片。

2．通过插入对象工具面板插入图片

还可以利用插入对象工具面板来插入图片，其操作步骤如下。

① 新建一张幻灯片，单击任务窗格的下三角按钮，打开下拉菜单，选择"幻幻片版式"选项，打开"幻灯片版式"任务窗格，如图 10.31 所示。

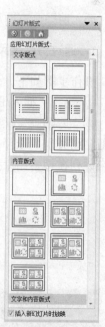

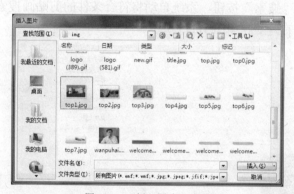

图 10.30　"插入图片"对话框　　　　　　　　图 10.31　"幻灯片版式"任务窗格

② 在"应用幻灯片版式"列表框中单击"标题和内容"版式，在幻灯片上应用该种版式。

③ 在内容占位符中包括一个"插入对象"工具面板，"插入对象"工具面板中包括"插入图表"、"插入表格"、"插入图片"、"插入剪贴画"、"插入组织结构图"、"插入剪辑对象"等工具菜单。单击其中的"图片"按钮，即可打开"插入图片"对话框，如图 10.32 所示。

插入图片后的效果，如图 10.33 所示。

六、插入剪贴画

在幻灯片文稿中除了可以插入图片，还可以插入剪贴画。在 Office 2003 中增加了大量剪

贴画，并分门别类地归纳到剪辑管理器中方便用户使用。下面介绍通过剪贴画菜单项插入剪贴画的方法。

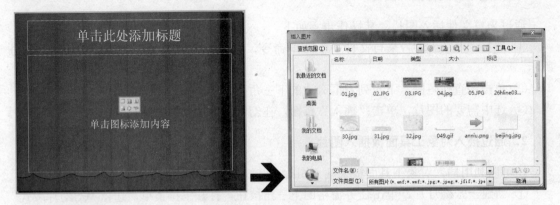

图 10.32 "插入图片"对话框

插入剪贴画有两种方法：一种是通过剪贴画菜单项，另一种是通过剪辑管理器。

1. 通过剪贴画菜单项插入剪贴画

操作步骤如下。

① 选择"插入/图片/剪贴画…"菜单命令，打开"剪贴画"任务窗格，如图 10.34 所示。

② "剪贴画"任务窗格的搜索结果列表区是空白的。在【搜索文字】区域中输入要搜索的剪贴画类型，选择搜索范围，然后单击"搜索"按钮，系统自动将符合条件的剪贴画搜索出来并列在搜索结果列表区中，搜索得到的剪贴画如图 10.35 所示。

图 10.33 插入图片后的效果

图 10.34 "剪贴画"任务窗格

③ 单击需要的剪贴画，剪贴画就直接插入到幻灯片中，如图 10.36 所示。

图 10.35　搜索得到的剪贴画

图 10.36　插入剪贴画

七、插入图表

在创建演示文稿的时候，经常通过比较一些数据说明产品的优势，因此要使用图表。

在 PowerPoint 2003 中可以方便快捷地插入各种图表。插入图表可以分为两种方法，一种是通过菜单项插入图表，另一种是通过插入对象面板插入图表。

1．通过菜单项插入图表

通过菜单项插入图表的操作步骤如下。

（1）选择"插入/图表…"菜单命令，立即在幻灯片中建立一个图表，如图 10.37 所示。

（2）在幻灯片上不仅建立了图表，而且还出现了数据表。在这种状态下可以编辑图表和数据表。单击图表外的任意位置，数据表消失，图表建立完成。建立好的图表如图 10.38 所示。

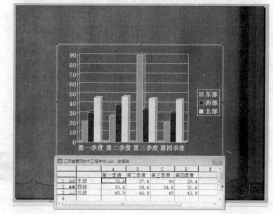

图 10.37　建立图表

2．通过插入对象面板插入图表

通过插入对象面板插入图表的操作步骤如下。

① 打开"幻灯片版式"任务窗格，选择"标题和内容"版式，在幻灯片中应用该版式。选择"标题和内容"版式的幻灯片，如图 10.39 所示。

② 单击"插入对象"面板中的"插入图表"按钮，立即插入一个图表，如图 10.40 所示。另外，还可以单击工具栏中的"插入图表"按钮，完成图表的建立。

> **小知识**
>
> 如果要将 Excel 中的图表放在 PowerPoint 2003 的幻灯片中使用，可以利用导入图表的方法，其操作步骤如下。
> ① 单击"插入/新幻灯片"菜单命令，新建一张幻灯片。
> ② 在幻灯片版式中选择"标题和图表"版式，如图 10.39 所示。

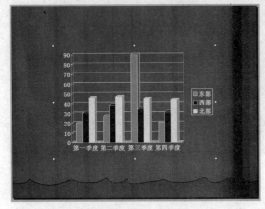

图 10.38　建立好的图表　　　　　　　　图 10.39　选择标题和内容版式的幻灯片

③ 打开 Excel 工作表，选择"编辑/复制"菜单命令，复制图表。

④ 切换到幻灯片中，选择"编辑/粘贴"菜单命令，粘贴该图表，如图 10.40 所示。

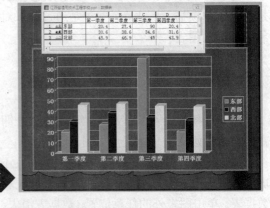

图 10.40　通过插入对象面板插入图表

八、插入动画与影片

在 PowerPoint 中插入的动画主要是 GIF 格式的动画，而在幻灯片中能够插入的视频格式很多。当用户计算机上安装的媒体播放器变化时，所能够插入的视频格式也会随之变化。插入影片及动画的方式有两种，从剪辑管理器中插入和从文件中插入。

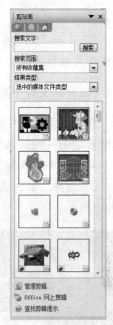

（一）从剪辑管理器中插入影片及动画

1．利用菜单打开剪辑管理器中的影片及动画文件

利用菜单打开剪辑管理器中的影片及动画，其操作步骤如下。

① 选样"插入/影片和声音/剪辑库中的影片"菜单命令，打开
"剪贴画"任务窗格，如图 10.41 所示。

② 在"剪贴画"任务窗格的影片和动画列表框中列出了当前剪
辑管理器中的所有影片和动画文件。将鼠标指针放置在这些文件上都
会出现下三角按钮。选中第一个影片文件，单击下三角按钮，打开下
拉菜单，选择"插入"菜单项，即可将该影片插入到幻灯片中。

③ 在插入影片的同时会出现一个对话框，在该对话框中有两
个按钮，一个是"自动"，另一个是"在单击时"。如果单击"自动"
按钮，表示当切换到该张幻灯片时，其中的影片就自动开始播放，
如果单击"在单击时"按钮，表示切换到该张幻灯片以后，由鼠标
控制影片的播放。单击【在单击时】按钮，完成影片的插入。

图 10.41 "剪贴画"任务窗格

④ 在影片对象的周围出现 8 个控制点，用鼠标拖动这些控制点可以调整影片对象的大小。

⑤ 单击"从当前幻灯片开始播放"按钮，切换到幻灯片放映视图，影片没有播放，直到
单击幻灯片，影片才开始播放。

2．利用插入对象面板打开剪辑管理器中的影片及动画文件

利用插入对象面板也可以打开剪辑管理器中的影片及动画文件，其操作步骤如下。

① 新建一张幻灯片，在任务窗格中选择"幻灯片版式"菜单项，打开"幻灯片版式"任
务窗格。单击"标题和内容"版式，将该版式应用在当前幻灯片中，如图 10.42 所示。

② 在标题中输入"影片剪辑"，然后单击插入对象面板中的"插入媒体剪辑"按钮，打
开"媒体剪辑"对话框，如图 10.43 所示。

图 10.42　应用标题和内容版式

图 10.43　"媒体剪辑"对话框

③ 选中第一个影片，单击"确定"按钮，该影片即被插入到当前幻灯片中，如图 10.44

所示。

④ 在插入影片的同时也出现一个关于影片播放控制的对话框，单击"在单击时"按钮，完成影片的插入。

（二）从文件中插入影片及动画

在剪辑管理器中的影片及动画很少，不能满足用户的需要，用户要将自己喜欢的影片剪辑或者动画片段插入到幻灯片中，需要使用从文件中导入图片及动画的方法实现。

从文件中插入影片及动画的操作步骤如下。

① 选择"插入/影片和声音/文件中的影片"菜单命令，打开"插入影片"对话框，如图 10.45 所示。

图 10.44 将影片插入到幻灯片中

图 10.45 "插入影片"对话框

② 选择自己喜欢的影片 Nokia.wmv，单击"确定"按钮，将该影片导入到幻灯片中，同时出现关于影片播放控制的对话框，如图 10.46 所示。

图 10.46 导入影片

③ 单击"在单击时"按钮，完成影片的导入。切换到幻灯片放映视图，单击该影片，开始播放。

☎注意：利用上述方法只能将影片从文件中导入，而对于 GIF 动画则不能用该方法。要想导入 GIF 动画，应该选择"插入/图片/来自文件"菜单命令实现。

（三）影片和动画的属性设置

当插入了影片和动画后，还可以对其属性做简单的设置，其操作步骤如下。

① 在影片上单击鼠标右键，打开快捷菜单，选择"编辑影片对象"命令，打开"影片选项"对话框，如图 10.47 所示。

在影片的属性设置中，包括对循环播放的设置、显示方式的设置和声音的设置。

② 在"播放选项"选项区域中包括两个选项："循环播放，直到停止"和"影片播完返回开头"。如果选择"循环播放，直到停止"选项，影片会循环播放，直到结束放映为止。如果选择"影片播完返回开头"选项，影片播放完一遍就直接返回到预播放时的状态。

③ 在"声音音量"旁边是一个声音按钮，单击◁按钮，打开"音量调节"面板，如图 10.48 所示。用鼠标拖动滑块可以调节音量的大小。

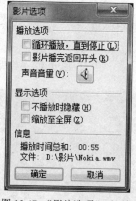

图 10.47 "影片选项"对话框

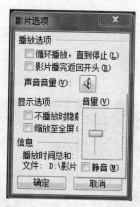

图 10.48 "音量调节"面板

④ 在"显示选项"选项区域中包括两个选项："不播放时隐藏"和"缩放至全屏"。如果选择"不播放时隐藏"选项，可以在进入幻灯片放映视图时将影片先隐藏起来。如果选择"缩放至全屏"选项，可以将影片充满全屏幕播放。

九、插入声音

声音是制作多媒体演示文稿的基本要素，在剪辑管理器中存放着一些声音文件可以直接使用，用户还可以将自己喜欢的音乐插入到幻灯片中。但是要注意，声音是为了用来烘托气氛的。如果没有根据幻灯片的风格和中心思想选取，就会给幻灯片带来反面效果。另外，插入的声音不能影响演讲者的演讲和观众的收听。

（一）插入剪辑管理器中的声音

插入剪辑管理器中的声音有两种方法，一种是利用菜单，另一种是利用插入对象面板。其插入的方法与影片的插入基本相同。

1. 利用菜单插入剪辑管理器中的声音

利用菜单插入剪辑管理器中的声音，其操作步骤如下。

① 新建一张幻灯片，选择"插入/影片和声音/剪辑库中的声音"菜单命令，打开"剪贴画"任务窗格，如图 10.49 所示。在声音列表框中收集了一些声音文件。

② 将鼠标放置在这些声音文件上出现下三角按钮，单击该按钮，打开下拉菜单，选择下拉菜单中的"插入"命令，该声音文件即被插入到幻灯片中，同时出现声音播放控制对话框，如图 10.50 所示。

③ 在声音播放控制对话框中有两个按钮：一个是"自动"，另一个是"在单击时"。如果选择"自动"按钮，表示切换到该张幻灯片的同时就开始播放声音。如果选择"在单击时"按钮，表示在单击该声音时才开始播放声音。单击"在单击时"按钮，完成声音的插入，出现一个小喇叭图标，如图 10.51 所示。

④ 单击播放按钮，进入幻灯片放映视图，单击小喇叭图标就可以听到声音了。

图 10.49 "剪贴画"任务窗格

图 10.50 声音播放控制对话框

图 10.51 小喇叭图标

2. 利用插入对象面板插入剪辑管理器中的声音

利用插入对象面板插入剪辑管理器中的声音，其操作步骤如下。

① 新建一张幻灯片，在任务窗格中选择"幻灯片版式"任务窗格，单击"内容"版式，该幻灯片应用了内容版式，如图 10.52 所示。

② 单击插入对象面板中的"插入媒体剪辑"按钮，打开"媒体剪辑"对话框。在该对话框中不仅有影片和动画文件，还包括一些声音文件，单击声音文件 Claps，再单击"确定"按钮，将该声音插入到幻灯片中。

（二）插入文件中的声音

从文件中可以插入自己喜欢的声音，其操作步骤如下。

① 选择"插入/影片和声音/文件中的声音"菜单命令，打开"插入声音"对话框。

② 在该对话框中选择自己喜欢的声音，然后单击"确定"按钮，将该声音导入幻灯片中。

图 10.52　应用了内容版式的幻灯片

（三）声音属性的设置

当插入了声音文件后，可以对声音的一些简单属性进行设置，其操作步骤如下。

① 在小喇叭图标上单击鼠标右键，选择下拉菜单中的"编辑声音对象"命令，打开"声音选项"对话框。

② 在该对话框中包括对循环播放的设置、对显示方式的设置以及对声音音量大小的调节。

- 在"播放选项"选项区域中，如果选择"循环播放，直到停止"，则表示声音循环播放，直到该张幻灯片放映结束。
- 在"声音音量"的旁边单击"音量调节"按钮，打开音量调节面板，拖动滑动杆可以改变声音的大小。
- 在"显示选项"选项区域中，如果选择"幻灯片放映时隐藏声音图标"，则表示在幻灯片放映时隐藏小喇叭图标。

十、插入组织结构图

在 PowerPoint 2003 中可以插入组织结构图。组织结构图是用来表示组织结构关系的图表，采用树形结构，层次清晰。组织结构图可以用于表示一个公司内部经理与员工之间的关系、网络架构等。

（一）插入组织结构图的方法

插入组织结构图有两种方法，第一种通过组织结构图菜单命令插入组织结构图，第二种通过插入对象面板插入组织结构图。

1. 通过菜单项插入组织结构图

通过菜单命令插入组织结构图，其操作步骤如下。

① 新建一张幻灯片。选择"插入/新幻灯片"菜单命令，立即建立新的幻灯片。在"幻灯片版式"任务窗格中选择"空白"版式，应用在新建的幻灯片中。

② 选择"插入/图片/组织结构图"菜单命令，如图 10.53 所示。

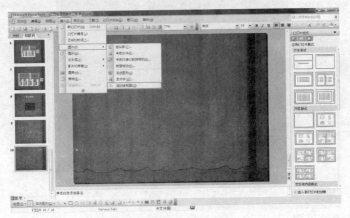

图 10.53　插入组织结构图

③ 默认的组织结构图由 4 个图框组成，在图框中都显示了添加文本的注释，如图 10.54 所示。

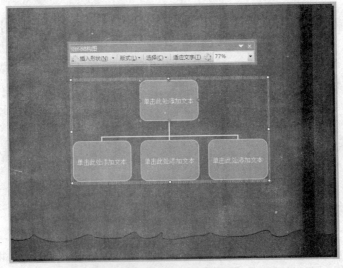

图 10.54　默认的组织结构图

2. 通过插入对象面板插入组织结构图

通过插入对象面板插入组织结构图的操作步骤如下。

① 选择"内容"版式。单击"插入对象"面板中的"插入组织结构图"按钮，出现"图示库"对话框，如图 10.55 所示。

② 选择第一种"组织结构图"类型，单击"确定"按钮，在幻灯片中建立新的组织结构图，如图 10.56 所示。

图 10.55　"图示库"对话框

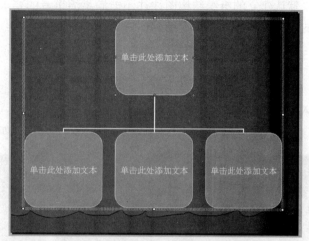

图 10.56　在幻灯片中建立新的组织结构图

（二）组织结构图工具栏

当插入了新的组织结构图后，立即出现一个"组织结构图"工具栏，如图 10.57 所示。

图 10.57　"组织结构图"工具栏

（三）创建组织结构图

下面以《部门结构》幻灯片为例创建组织结构图，其操作步骤如下。

① 新建一张幻灯片，应用"标题和内容"版式。

② 单击"插入对象"面板中的"组织结构图"按钮，出现"图示库"对话框，选择"组织结构图"选项，单击"确定"按钮，建立新的组织结构图，如图 10.58 所示。

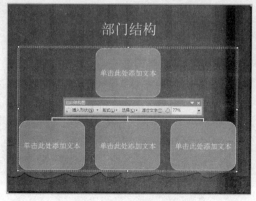

图 10.58　建立新的组织结构图

（四）编辑组织结构图

默认建立的组织结构图往往不能满足演讲者的要求，因此要进行编辑和修改。首先将部门的职工关系输入到组织结构图中。

1. 填写内容

按照图框的提示，单击最上一层的图框内部，图框变成文本框并出现一个插入符，可以输入文字内容，如输入"江西省通用技术工程学校"，如图 10.59 所示。

按照上述方法在下一层的图框中输入文字内容，如图 10.60 所示。

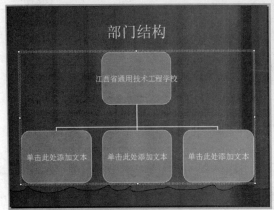
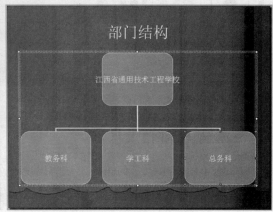

图 10.59 输入文本　　　　　　　　　图 10.60 输入文字内容

2. 增加和删除图框

在第二层中，如果要删除中间的图框对象，其操作步骤是：选中中间的图框，在图框上单击鼠标右键，选择快捷菜单中的"删除"命令，就可以将该图框删除，如图 10.61 所示。

图 10.61 删除操作

用默认的两层不能将组织结构表达完整,因此需要建立第三层。例如,在"教务科"下面建立一个新的图框。

一种方法是:当插入组织结构图的同时在幻灯片上出现一个"组织结构图"工具栏,单击"插入形状"按钮,新增加一个"下属"图框。单击"插入形状"的下拉按钮,打开下拉菜单,选择"下属"菜单命令,即可增加一个"下属"图框,如图 10.62 所示。

另一种方法是:选中需要添加"下属"的图框,单击鼠标右键,选择快捷菜单中的"下属"命令,增加一个"下属"图框,如图 10.63 所示。

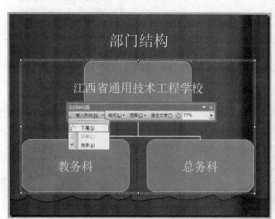

图 10.62 增加下属图框

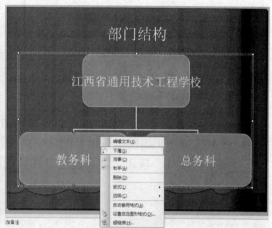

图 10.63 通过右键快捷菜单添加新的图框

3. 更改版式

使用"版式"菜单命令可以为工作组选择一种排列方式。单击"版式"旁边的下拉按钮,打开下拉菜单,其中包括 5 种版式:"标准"、"两边悬挂"、"左悬挂"、"右悬挂"和"自动版式"。

无论怎样添加图框,自动版式始终会帮助用户进行自动调整。如果想任意调整组织结构图中的形状线条,必须取消自动版式。

十一、使用艺术字

在 PowerPoint 2003 中可以插入艺术字。当幻灯片中的标题增加了艺术效果后,就使得幻灯片更加生动美观了。下面以《走进颐和园》为例,介绍艺术字在 PowerPoint 2003 中的应用。

1. 插入艺术字

给《走进颐和园》的标题幻灯片添加艺术字标题。原标题幻灯片显示效果如图 10.64 所示。

将标题文字改成艺术字的操作步骤如下。

① 删除标题。选中标题占位符,按下键盘上的 Delete 键删除标题占位符及其中的文字。

② 选择"插入/图片/艺术字"菜单命令,打开"艺术字库"对话框,如图 10.65 所示。

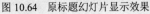

图 10.64　原标题幻灯片显示效果

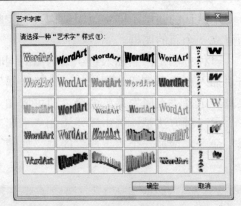

图 10.65　"艺术字库"对话框

③　选择第 3 行第 4 列艺术字样式，单击"确定"按钮，打开"编辑'艺术字'文字"对话框。

④　在"文字"文本框中插入"走进颐和园"。在"字体"的下拉列表中选择"隶书"，将字号设置为"36"并加粗，编辑好的文字如图 10.66 所示。

⑤　单击"确定"按钮，返回普通幻灯片视图，可以看到插入的艺术字，如图 10.67 所示。

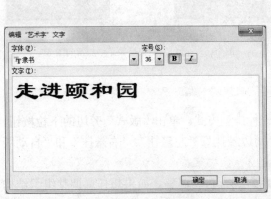

图 10.66　编辑好的文字

图 10.67　插入的艺术字

⑥　用鼠标拖动艺术字周围的 8 个控制点，调整艺术字的大小。调整好的艺术字，如图 10.68 所示。

图 10.68　调整好的艺术字

2．编辑艺术字

在艺术字库中的样式很少，不能满足用户的需求。用户还可以通过绘图工具栏修改艺术字样式。

例如，修改《走进颐和园》标题幻灯片中的艺术字样式，其操作步骤如下。

① 选中"走进颐和园"标题文字。

② 在标题上单击鼠标右键，打开快捷菜单，选择其中的"设置艺术字格式"命令，如图10.69 所示。

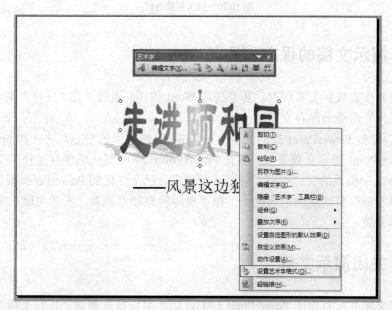

图 10.69　选择设置艺术字格式菜单项

③ 在打开的"设置艺术字格式"对话框中，可以给艺术字重新着色或者加边框。

十二、插入超级链接

PowerPoint 2003 支持网页功能，可以在幻灯片中插入超级链接，方法如下。

① 打开要插入超级链接的演示文稿，并且切换到相应的幻灯片。

② 选中要建立超级链接的对象，单击"插入"菜单中的"超级链接命令"，或者单击鼠标右键，在弹出的快捷菜单中选择"超级链接"，出现如图 10.70 所示的对话框。

③ 选择插入超级链接的类型，有"原有文件或网页"、"本文档中的位置"、"新建文档"或"电子邮件地址"。

④ 选中类型后，设置链接参数，如选择"原有文件或网页"，需要用户设置"显示的文字"和"文件名称或网页名称"。

⑤ 单击"确定"按钮，选中的对象被插入了超级链接。在幻灯片放映模式下，当鼠标移至超级链接上时，鼠标指针会自动变成手型，单击即可打开超级链接。

图 10.70　插入超级链接

十三、演示文稿的保存和另存

　　演示文稿制作完成后需要保存，其方法与 Word 相同。通过单击"文件"菜单，选择"保存"或"另存为"命令来保存文稿。

　　在保存文稿时，PowerPoint 提供了多种文件格式，最常用的是.ppt、.pot 和.pps3 种，".ppt"是一般的 PowerPoint 演示文稿类型，也是 PowerPoint 2003 默认的保存文件类型；".pot"是PowerPoint 2003 中模板的文件格式，用户可以创建自己个性化的 PowerPoint 模板；".pps"文件格式一般用于需要自动放映的情况下，在"资源管理器"或者"我的电脑"中双击文件名即可播放演示文稿。

十四、关闭演示文稿

　　关闭演示文稿并没有退出 PowerPoint 2003，仍然可以执行新建、打开文稿等操作。关闭文稿的方法如下 3 种。

　　① 选择"文件"菜单中的"关闭"命令，可以关闭当前屏幕上显示的演示文稿。

　　② 单击文稿窗口右上角的"关闭"按钮。

　　③ 单击菜单栏中的 按钮，调出文稿窗口控制菜单，选择"关闭"选项。

任务三　PowerPoint 的视图方式

　　同 Word 一样，PowerPoint 也提供了多种不同的视图方式。PowerPoint 演示文稿的视图方式有："普通视图"、"大纲视图"、"幻灯片视图"、"幻灯片浏览视图"和"幻灯片放映视图"。单击 PowerPoint 窗口左下角的按钮可在视图之间轻松地进行切换。通过不同的视图方式，用户看到的演示文稿的侧重点不同，如大纲视图可以清晰地看到文稿的大纲视图，而幻灯片视图则将幻灯片的内容清晰地呈现出来。

一、普通视图

　　普通视图是默认的视图模式，这种方式能够全面掌握演示文稿中各幻灯片的名称、标题和排列顺序。普通视图包含 3 个窗格：大纲窗格、幻灯片窗格和备注窗格。这些窗格使用户可在同一位置了解演示文稿的各种特征，如图 10.71 所示。拖动窗格边框可以调整其大小。

1．大纲窗格

大纲窗格位于 PowerPoint 窗口的左侧。在大纲窗格内，可以查看和编辑幻灯片的标题以及添加、删除和移动幻灯片。

2．幻灯片窗格

幻灯片窗格位于 PowerPoint 窗口的右侧。在幻灯片窗格内，用户可以查看和编辑每张幻灯片的外观和幻灯片中包含的对象以及向其添加动画。

3．备注窗格

备注窗格位于幻灯片窗格下方，用于添加备注。备注可以帮助演示文稿作者对幻灯片加以说明，帮助理解。如果需要在备注中含有图形，必须在备注页视图中添加备注，方法是单击“视图”菜单中的“备注页”命令。

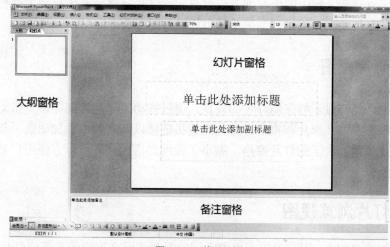

图 10.71　普通视图

二、大纲视图

大纲视图是可以显示出幻灯片的标题和主要文本信息的视图方式。与普通视图相比，大纲视图中加大了大纲窗格，缩小了幻灯片窗格，可以方便地对整个演示文稿中各张幻灯片的标题进行编辑和修改，如图 10.72 所示。如要在 PowerPoint 中创建大纲，可使用内容提示向导，或从其他应用程序中导入大纲。

大纲模式中每张幻灯片的标题都会出现在编号和图表的旁边，正文出现在每个标题的下面。正文的缩进可多达五层，用户可以使用大纲工具栏中的按钮快速地组织演示文稿，如图 10.73 所示。

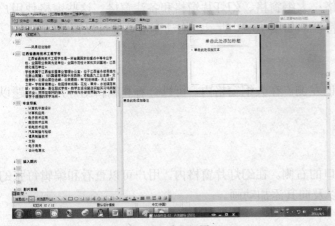

图 10.72　大纲视图

图 10.73　大纲工具栏

大纲工具栏中从左向右按钮的含义依次为："升级"、"降级"、"上移"、"下移"、"折叠"、"展开"、"全部折叠"、"全部展开"、"摘要幻灯片"和"显示格式"。例如，"升级"或"降级"按钮可以增加或减少字符的缩进层次；"显示格式"按钮可以在大纲中打开或关闭格式；"全部展开"按钮可以显示大纲中的所有细节或仅显示幻灯片标题。若想看到大纲栏中的全部按钮，单击"视图"菜单中"工具栏"子菜单中的"大纲"命令即可。

三、幻灯片视图

在该模式中，能够显示整张幻灯片的外观，通过拖动滚动条来浏览每一张幻灯片，可在单张幻灯片中添加图形、影片和声音，并创建超级链接以及向其中添加动画。与普通视图模式相比，幻灯片视图加大了幻灯片窗格，缩小了大纲窗格。这样可以方便用户对幻灯片内的各种对象进行编辑。

四、幻灯片浏览视图

在幻灯片浏览视图中，用户可以在屏幕上同时看到演示文稿中的多张幻灯片，如图 10.74 所示。这些幻灯片以缩图方式显示，这样就可以很容易地选定、移动和复制幻灯片。

（1）选定幻灯片

在幻灯片浏览视图中，在需要选定的幻灯片上单击鼠标左键，即可选定该张幻灯片。

如果要选中不连续的多张幻灯片，只需要按下 Ctrl 键，再单击需要选中的幻灯片即可。

如果要选中连续的多张幻灯片，可以先单击需要选中的第一张幻灯片，然后按下 Shift 键，再单击需要选中的最后一张幻灯片，这时从选定的第一张到最后一张幻灯片都会被选中。

（2）复制和移动幻灯片

在该视图模式下，使用鼠标也可以方便地完成幻灯片的复制和移动。

① 移动幻灯片：在需要移动的幻灯片上按下鼠标左键并拖动至新位置，松开鼠标左键即完成了幻灯片的移动。PowerPoint 用一根竖线表示幻灯片的新位置。

② 复制幻灯片：复制幻灯片的方法和移动幻灯片的方法基本相同。在需要复制的幻灯片

上按下鼠标左键进行拖动，拖动时按下 Ctrl 键，拖动至新位置后先松开鼠标左键，然后再松开 Ctrl 键即完成了一次复制幻灯片的操作。

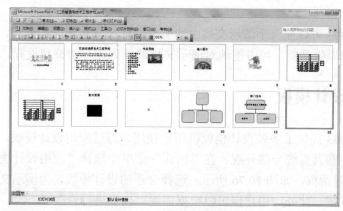

图 10.74　幻灯片浏览视图

五、幻灯片放映视图

演示文稿制作完成后，最终的目的是放映给观众看。常用的放映方法有 3 种：直接点击视图切换工具栏中的"幻灯片放映"按钮；单击"幻灯片放映"菜单下的"放映幻灯片命令"播放演示文稿；直接按 F5 键完成幻灯片放映。

这里需要注意的是，使用"幻灯片放映"按钮，无论是在什么样的视图模式下，放映总是从当前选定的幻灯片开始，而其他两种放映方式则是从演示文稿的第一张幻灯片开始放映。

六、备注页视图

单击"视图"菜单中的"备注页"命令，进入备注页视图模式，在该模式下，用户可以向幻灯片中添加文本或图形等备注信息，这些备注信息可以对幻灯片进行说明，也可以是幻灯片的设计思路，这些信息在幻灯片放映时不会出现，可以帮助作者或其他用户理解演示文稿的内容和设计思想，如图 10.75 所示。

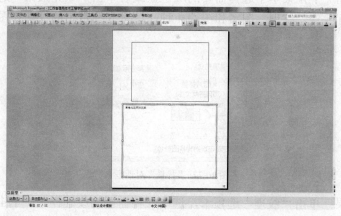

图 10.75　备注页视图

任务四 幻灯片的外观设置

PowerPoint 2003 可以使一个演示文稿中的所有幻灯片具有统一的外观，它所提供的配色方案、设置模板和母版功能，可方便地对演示文稿的外观进行调整和设置。

一、应用设计模板

PowerPoint 2003 提供了多种设计模板供用户使用，通过应用设计模板，可以使用演示文稿中的所有幻灯片都具有统一的外观。在"格式"菜单中选择"应用设计模板"命令，调出"应用设计模板"对话框，如图 10.76 所示。选择合适的设计模板，为演示文稿设定统一的样式、背景和配色方案。此外，用户也可以根据需要对模板进行修改。

图 10.76 "应用设计模板"对话框

二、设置幻灯片背景

为幻灯片添加背景，是个性化幻灯片的一种方式。用户可以为每张幻灯片设置不同的背景。从菜单栏中选择"格式"菜单中的"背景"命令，调出"背景"对话框，如图 10.77 所示。在"背景填充"下拉菜单中选择需要的颜色，或者单击"填充效果"选项来选择其他的背景填充方式，有渐变、纹理、图案和图片 4 种，这里介绍常用的纹理和图片填充效果。

图 10.77 "背景"对话框

纹理填充效果：单击"纹理"选项卡，选中一种需要的纹理样式，单击"确定"按钮，再单击"应用"按钮，或"全部应用"按钮，将纹理应用于所有幻灯片，如图 10.78 所示。

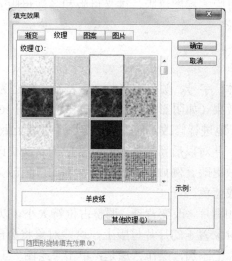

图 10.78 "纹理"选项卡

图片填充效果：单击"图片"选项卡，单击"选择图片"按钮，在弹出的对话框中选择需要用作背景的图片，选中后，可以在图片窗格中预览图片的效果。然后单击"确定"按钮，将效果应用于当前幻灯片或全部幻灯片。

三、设置页眉和页脚

同 Word 一样，在 PowerPoint 中也可以设置页眉页脚，单击"视图"菜单中的"页眉和页脚"命令，调出"页眉和页脚"对话框，如图 10.79 所示，在其中进行设置即可。

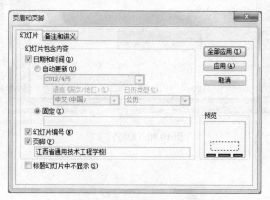

图 10.79 "页眉和页脚"对话框

四、设置幻灯片母版

所谓"母版"，其实就是一种特殊的幻灯片格式，它控制了幻灯片中各种元素的默认样式，并且可以为幻灯片添加和修改相同的对象。设置母版样式的方法是单击"视图"菜单中的"母版"命令，在弹出菜单中选择需要修改的母版形式。

母版通常包括幻灯片母版、标题母版、讲义母版和备注母版 4 种形式。下面，介绍"幻灯片母版"和"标题母版"。

1. 幻灯片母版

幻灯片母版控制了字体、字号、颜色等某些文本特征，称之为"母版之本"。另外，它还控制了背景色和某些特殊效果（如阴影和项目符号样式），如图 10.80 所示。如果要修改多张幻灯片的外观，不必一张张地进行修改，而只需在幻灯片母版上做一次修改即可。PowerPoint 将自动更新已有的幻灯片，并对以后新添加的幻灯片应用这些更改。如果要更改文本格式，可选择占位符中的文本并做更改。例如，将占位符文本的颜色改为蓝色，将使已有幻灯片和新添幻灯片的文本自动变成蓝色。

可使用幻灯片母版添加图片，改变背景，调整占位符大小，以及改变字体、字号和颜色。

将艺术图形或文本等对象置于幻灯片母版上，这些对象将会出现在每张幻灯片的相同位置上。如果要在每张幻灯片上添加，操作方法是：单击"绘图"工具栏上的"文本框"按钮，通过"文本框"按钮添加的文本外观不受母版支配。

注意：不要在母版中的文本占位符内键入文本，这样并不会修改幻灯片；添加在母版上的对象，在每一张幻灯片上都会出现，而且只能通过母版视图修改。

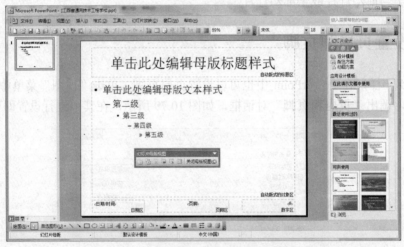

图 10.80　幻灯片母版

2. 标题母版

如果希望标题幻灯片与演示文稿中其他幻灯片的外观不同，可以使用标题母版。同幻灯片母版不同，标题母版仅影响使用了"标题幻灯片"版式的幻灯片。由于对幻灯片母版上文本格式的改动会影响标题母版，所以在改变标题母版之前应先完成幻灯片母版的设置。

需要注意的是，每个设计模板均有它自己的幻灯片母版，幻灯片母版上的元素控制了模板的设计。许多模板还带有单独的标题母版。对演示文稿应用了设计模板后，PowerPoint 会自动更新幻灯片母版上的文本样式和图形，并按新设计模板的配色方案改变颜色，应用新的设计模板不会删除已添至幻灯片母版的任何对象（如文本或图片）。

任务五 幻灯片动画设置

在 PowerPoint 中可以为幻灯片添加动画效果。例如，在幻灯片翻页时产生百叶窗效果，文本显示的淡入淡出效果等。PowerPoint 2003 中包括两种类型的动画：自定义动画和翻页动画。自定义动画主要是对幻灯片中的各个对象设置的动画。翻页动画是对幻灯片切换时给整张幻灯片设置的动画。另外，在给幻灯片设置动画时还可以使用系统自带的动画方案。动画方案相当于动画模板，在每个动画方案中都设置好了一系列的动画，包括对文本的动画、对幻灯片翻页的动画等。下面具体学习设置动画的方法。

一、插入项目动画

插入项目动画，一般是以一个对象为单位，如占位符、文本框、图片、表格等。下面以《专业导航》这张幻灯片为例，学习项目动画的制作。给文本添加动画的操作步骤如下。

① 选择"幻灯片放映/自定义动画"菜单命令，打开"自定义动画"任务窗格，如 10.81 所示。

② 选中标题文本，即单击标题文本占位符，使占位符处于选中状态。在"自定义动画"任务窗格中单击"添加效果"按钮，打开动画效果下拉菜单，如图 10.82 所示。

图 10.81 "自定义动画"任务窗格

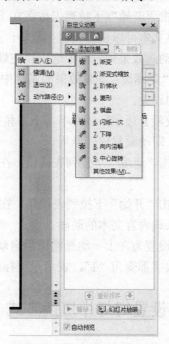

图 10.82 打开动画效果下拉菜单

③ 选择"进入"菜单项，打开子菜单，选择其中的"擦除"菜单项，给标题文本添加擦除动画效果。

④ 在"自定义动画"任务窗格中给文本标题添加了擦除动画后，该文本标题的旁边就会

出现一个带有数字的灰色矩形标志。

⑤ 在任务窗格的动画列表框中显示了该动画效果选项。如果对该动画不满意，可以单击"删除"按钮，将动画效果删除。

⑥ 选中内容文本，单击"添加效果/强调/陀螺旋"菜单项，给内容文本添加陀螺旋转效果。

⑦ 在内容文本的每行文本前都会出现一个带有数字的矩形标志，其中的数字按照顺序排列。这些数字标记标明了动画的先后顺序。单击"幻灯片放映"按钮，开始放映幻灯片，观察动画效果。

二、设置项目动画的属性

可以对擦除和陀螺旋动画效果的属性进行设置。单击动画列表框中的"擦除"选项，在"自定义动画"任务窗格中出现"擦除"动画效果的相应属性设置，包括对擦除方向的设置、对动画速度的设置和控制动画的方式设置。

例如：对标题文本设置从左到右的慢速擦除效果，且鼠标单击时执行。其操作步骤如下。

① 单击"方向"下拉列表按钮，在下拉列表中选择"自左侧"选项，即设置了从左到右的擦除效果。

② 单击"速度"下拉列表按钮，在下拉列表中选择"非常慢"选项。

③ 单击"开始"下拉列表按钮在下拉列表中选择"单击时"播放动画效果。

对内容文本可以设置慢速半旋转，且在上一个动画执行后自动开始。其操作步骤如下。

① 在动画效果列表框中选中"陀螺旋"效果，出现相应的属性设置。

② 在"陀螺旋"动画效果的属性中包括对陀螺旋转数量的设置、旋转速度的设置及动画控制方式的设置。

在【数量】选项区域中单击下三角按钮，打开"旋转数量"设置下拉列表，选择"半旋转"数量，即动画只旋转半周。

③ 单击"速度"下拉列表按钮，在下拉列表中，选择"非常慢"这项，旋转的动画速度减慢。

④ 单击"开始"下拉列表按钮，在下拉列表中选择"之后"选项，表示在标题文本动画后自动进入该内容文本的动画。

⑤ 当设置为在上一动画结束后自动放映的"之后"选项后，幻灯片中带有数字的灰色矩形标志的数字都变为"1"，表示跟随标题文本的动画播放。

三、设置幻灯片切换方式

在 PowerPoint 2003 中，用户可以分别给每张幻灯片的切换增加动画效果。PowerPoint 提供了多种幻灯片切换效果，如"垂直百叶窗"、"盒状展开"等。设置幻灯片的切换方法是：先选中需要设置切换效果的幻灯片，或者按 Shift 键或 Ctrl 键选择多张幻灯片，用以设置相同的切换方式。然后选择"幻灯片放映"菜单中的"幻灯片切换"命令，调出"幻灯片切换"对话框。

在此对话框中可以设置幻灯片切换效果，包括换页方式和声音。选定后单击"全部应用"，则将幻灯片切换效果应用于演示文稿的所有幻灯片，单击"应用"则应用于当前选中的幻灯片。

四、预览动画

PowerPoint 2003 提供了预览幻灯片中已设置好的动画的功能，预览动画的方法有两种。
① 在自定义动画中设置好动画后，直接单击"预览"按钮，即可预览到动画效果。
② 如果已经退出自定义动画的设置框，也可以进行动画预览，方法是单击"幻灯片放映"菜单中的"动画预览"命令，PowerPoint 会自动弹出"动画预览"窗口并且播放动画效果。

任务六　放映和打印幻灯片

对已经制作好的演示文稿，可以通过 PowerPoint 的放映功能演示给观众，也可以使用打印功能将幻灯片打印出来。

一、放映演示文稿

通过幻灯片放映，可以将精心创建的演示文稿展示给观众。
播放幻灯片要根据放映环境的不同进行选择，下面介绍放映的 3 种类型。
选择"幻灯片放映/设置放映方式"菜单命令，打开"设置放映方式"对话框，如图 10.83 所示。

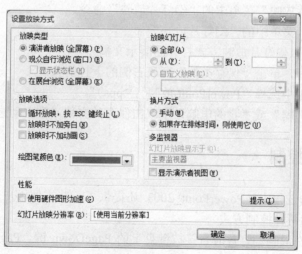

图 10.83 "设置映方式"对话框

在"设置放映方式"对话框中有 3 种放映类型，其功能如下。
● **"演讲者放映"方式**：选择该方式，可以运行全屏幕显示的演示文稿，但是必须要在有人看管的情况下进行放映。这是最常用的方式，通常用于演讲者一边演讲一边放映的情况，即演讲者有控制演示文稿播放的能力，可以决定放映速度和换片时间，一般采用人工换片方式，因此在"换片方式"选项区域中选择"手动"选项。

● **"观众自行浏览"方式**：选择该方式，观众可以自己动手移动、编辑、复制和打印幻灯片。这种方式出现在小型窗口内，一般用在会议上和展览中心，以观众自行浏览方式播放幻灯片。在此方式下，可以拖动滚动条从第一张幻灯片移动到最后一张幻灯片，也可以显示"Web 工具栏"，以便浏览其他的演示文稿和 Office 文档。

● **"在展台浏览"方式**：选择该方式，可以自动运行演示文稿。这种自动运行的演示文稿不需要专人控制。在这种方式下除了可以使用超级链接和动作按钮外，大多数控制都无法使用（包括右键的下拉菜单选项和放映导航工具）。一般适用于展台循环浏览，常选择训练计时方式。

在应用这 3 种放映类型时，需要考虑到播放演示文稿的环境。如果演示在无人监视下进行，需要选择"在展台浏览"；如果演讲者自行控制，需要选择"演讲者放映"；如果让观众自己选择欣赏的内容，需要选择"观众自行浏览"。

二、启动幻灯片放映

设置好幻灯片的放映方式后，有多种方法可以启动幻灯片放映。

（1）在 PowerPoint 中启动幻灯片放映

在 PowerPoint 中启动幻灯片放映有以下 4 种常用方法。

① 启动 PowerPoint，打开准备放映的演示文稿，单击文稿窗口左下角的"幻灯片放映"按钮，启动幻灯片放映。

② 按 F5 键启动幻灯片放映。

③ 单击"幻灯片放映"菜单中的"幻灯片放映"命令。

④ 单击"视图"菜单中的"幻灯片放映"命令。

（2）将文稿存为以幻灯片放映方式打开的演示文稿

① 在保存文稿时，单击"保存类型"列表右侧的下拉箭头。

② 在弹出的列表中选择"PowerPoint 放映（*.pps）"。

③ 在"资源管理器"或"我的电脑"中双击保存的文稿，则自动进入幻灯片放映状态。

三、放映的控制

在放映幻灯片的过程中，PowerPoint 2003 还提供了一些方便用户对放映进行控制的功能，下面介绍常用的两种控制方式。

① 翻页方式：在放映幻灯片时直接按键盘上的 PageDown 键、PageUp 键可以实现上下翻页。或者单击鼠标右键，在弹出的快捷菜单中选择"上一页"、"下一页"命令，也可以实现翻页。

② 指针选项：在放映过程中，演讲者可以对指针进行设置。单击鼠标右键，在弹出的快捷菜单中选择"指针选项"，在弹出的下拉菜单中有"箭头"、"圆珠笔"、"毡尖笔"和"荧光笔" 4 种选项，如图 10.84 所示。

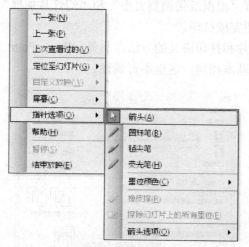

图 10.84 放映控制

四、打印演示文稿

演示文稿可以放映，也可以打印出来，打印的方法与 Office 系列其他软件相同，需要安装打印机、设置页面属性和打印范围等。同 Office 系列其他软件所不同的是，PowerPoint 在打印时，可以选择 4 种不同的打印内容，即幻灯片、讲义、备注页和大纲视图。

1. 打印幻灯片

一般情况下，幻灯片是用来在屏幕上演示供观众观看的，不过有时也需要把幻灯片打印出来，打印的方法如下。

① 选定要打印的幻灯片。

② 单击"文件"下拉菜单中的"打印"命令，弹出"打印"对话框。设置打印机，在"页面范围"中设置打印范围，可以是某一张、若干张或全部。

③ "打印内容"选择"幻灯片"。

④ 单击"确定"按钮完成打印。

需要注意的是，通过工具栏中的"打印"按钮也可以打印幻灯片，但是打印范围是全部幻灯片，并且不会弹出询问窗口，单击后直接打印。

2. 打印讲义

同打印幻灯片相比，更多的时候幻灯片被打印成讲义的形式，对于 A4 或 16 开纸，每页可以放 2、3、4、6 或 9 张幻灯片，如图 10.85 所示。

打印讲义的具体步骤如下。

① 单击"文件"菜单中的"打印"命令，弹出"打印"对话框。

② 对打印参数进行设置后，在"打印内容"中选择"讲义"。

③ 在"每张幻灯片数"中选择需要的张数，有 2、3、4、6、9 张共 5 种选择。

④ 根据需要，可选择"根据纸张调整大小"和"幻灯片加框"选项。

⑤ 单击"确定"按钮完成打印。

以上介绍了打印幻灯片和打印讲义的方法。另外，PowerPoint 还提供了打印备注页和大纲视图的功能，打印方法基本相同，这里不再赘述。

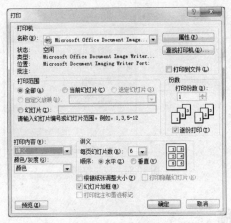

图 10.85　打印讲义

项目综合实训

【操作要求】

在演示文稿程序中打开 A10.PPT。

1．设置页面格式

● 按【样文 A10-1】所示在第一张幻灯片中添加艺术字标题，设置艺术字的字体为楷体，字号为 60，形状为波形 1，填充颜色为深蓝色，线条颜色为红色。

● 将第一张幻灯片中副标题占位符设置为玫瑰红填充的效果，字体设置为华文行楷，40 磅，蓝色。

● 将幻灯片背景全部用图片 a1.jpg 填充，页脚设置为"国家级重点职业学校"。

● 按【样文 A10-2】所示将第二张幻灯片文本占位符中内容的项目符号改为 ✍。

● 设置标题母版中"自动版式标题区"的样式为华文行楷，50 号，红色，阴影。

● 在幻灯片母版中使用"配色方案"，将整个演示文稿的"标题文本"颜色设置为深蓝色。

2．演示文稿插入设置

● 在第三张幻灯片中插入声音文件 a1.mid，循环播放。

● 按【样文 A10-3】所示在第三张幻灯片中插入图片 a2.jpg。

● 在第三张幻灯片中插入动作按钮，"第一张"动作按钮连接到第一张幻灯片，"下一张"动作按钮连接到下一张幻灯片。

● 按【样文 A10-4】所示在第四张幻灯片中插入组织结构图。将第四张幻灯片中的内容与下面幻灯片建立链接。

● 按【样文 A10-5】所示在第八张幻灯片中插入表格，将表格外边框线设置为 4.5 磅的红颜色。

3. 设置幻灯片放映

● 设置所有幻灯片的切换效果为随机水平线条，速度为慢速，爆炸的声音，单击鼠标换页。

● 设置第一张幻灯片中标题文本的动画效果为从底部缓慢进入，打字机的声音，单击鼠标启动动画。

● 设置第二张和第三张幻灯片标题占位符中的文本左侧飞入的效果，打字机的声音，单击鼠标启动动画。

● 设置第三张幻灯片中图片的动画效果为纵向棋盘式，风铃的声音，单击鼠标启动动画效果。

【操作步骤】

① 打开 A10.PPT，在第一张幻灯片设置标题艺术字，打开插入"菜单"，选择"艺术字命令"（见图 10.88），打开"艺术字库"对话框（见图 10.87），选择合适的艺术字样式，设置艺术字的字体为楷体，字号为 60（见图 10.88），形状为波形 1（见图 10.89），填充颜色为深蓝色，线条颜色为红色（见图 10.90）。

图 10.87　"艺术字库"对话框

图 10.86　"艺术字"选项

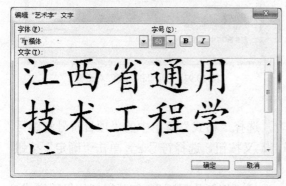

图 10.88　设置艺术字字体

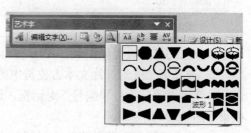

图 10.89　艺术字形状

② 选择副标题占位符，单击鼠标右键，选择"设置自选图形格式"命令，打开"设置自选图形格式"对话框，将填充颜色设置为玫瑰红（见图10.91），字体设置为华文行楷，40磅，蓝色。

图 10.90 "设置艺术字格式"对话框

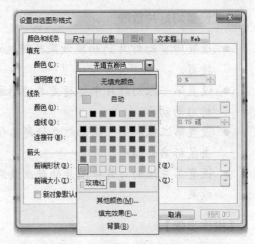

图 10.91 "设置自选图形格式"对话框

③ 选择"格式"菜单中的"背景"命令，打开"填充效果"对话框，选择"图片"选项卡，选择图片"a1.jpg"（见图10.92），单击"确定"按钮，选择"全部应用"。

④ 选择"视图"菜单中的"页眉和页脚"命令，打开"页眉和页脚"对话框，如图10.93所示设置，单击"全部应用"按钮。

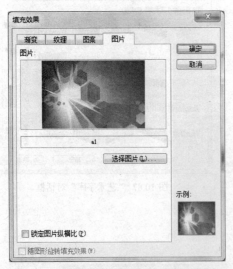

图 10.92 "填充效果"对话框

图 10.93 "页眉和页脚"对话框

第一张幻灯片设置如图 A10-1 所示。

⑤ 选择第二张幻灯片文本占位符中的内容，选择"格式"菜单中的"项目符号和编号"命令，弹出"项目符号和编号"对话框，选择自定义按钮，选择符号✍，单击"确定"按钮，效果如图10.94所示。

⑥ 单击"视图"菜单中的"母版"命令，选择"幻灯片母版"，打开幻灯片母版样式，

将母版标题区设置为华文行楷，50 号，红色，阴影，单击"关闭母版视图"按钮。

⑦ 在幻灯片母版中使用"配色方案"，打开"编辑配色方案"对话框，将整个演示文稿的"标题文本"颜色设置为深蓝色，如图 10.95 所示。

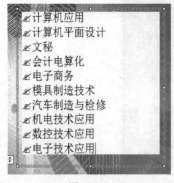

图 10.94

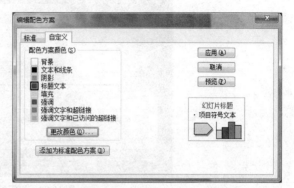

图 10.95　"编辑配色方案"对话框

⑧ 在第三张幻灯片中，单击"插入"菜单，选择"影片和声音"中的"文件中的声音"命令，插入 a1.mid 文件，出现 按钮。单击鼠标右键，选择"编辑声音对象"，弹出"声音选项"对话框，在播放选项复选框中打勾，如图 10.96 所示。

⑨ 在第三张幻灯片中插入图片 a2.jpg。单击"插入"菜单中的"图片"命令，选择"来自图片"选项，打开"插入图片"对话框，选择图片 a2.jpg，将其移到如图 10.97 所示的位置。

图 10.97　在幻灯片中插入图片 a2.jpg

图 10.96　"声音选项"对话框

⑩ 单击"幻灯片放映"菜单中"动作按钮"中的"第一张"动作按钮 和"下一张"动作按钮 ，建立相应的链接。

⑪ 在第四张幻灯片中相应的位置插入组织结构图。单击"插入"菜单中"图像"命令中的"组织结构图"选项，按样文 A10-4 所示填入相应的内容，如图 10.98 所示。

⑫ 选中"信息科"3 个字，单击鼠标右键，在弹出的快捷菜单中选择"超链接"命令，弹出"插入超链接"对话框，链接到本文档的位置，选择"5.信息科"，如图 10.99 所示。另外两个组织结构图的链接方法依此类推。

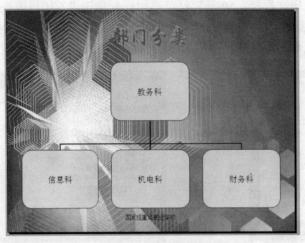

图 10.98　组织结构图

图 10.99　"插入超链接"对话框

⑬ 在第八张幻灯片中插入表格，在表格边框处单击鼠标右键，弹出快捷菜单，选择"边框和填充"命令，弹出"设置表格格式"对话框，将表格外边框线设置为 4.5 磅的红颜色，如图 10.100 所示。

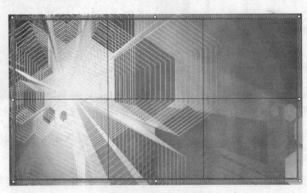

图 10.100　插入表格

⑭ 单击"幻灯片放映"菜单中的"幻灯片切换"命令，打开"幻灯片切换"任务窗格。设置幻灯片的切换效果为"随机水平线条"，速度为"慢速"，"爆炸"的声音，单击鼠标换页。单击"应用于所有幻灯片"按钮，如图 10.101 所示。

⑮ 选择第一张幻灯片中的标题文本，选择"幻灯片放映"菜单中的"自定义动画"命令，按图 10.102 所示，设置"缓慢进入"效果。单击"效果选项"中的"缓慢进入"，弹出"缓慢进入"对话框，设置为打字机声音，如图 10.103 所示。其他幻灯片的动画效果依次类推。

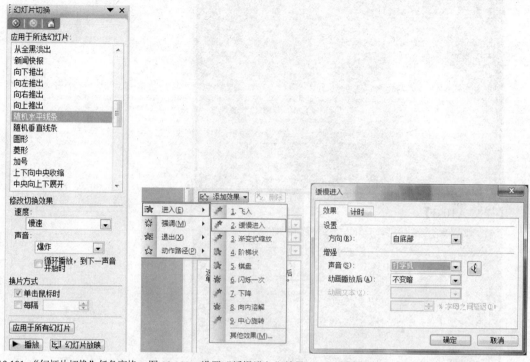

图 10.101 "幻灯片切换"任务窗格　　图 10.102 设置"缓慢进入"效果　　图 10.103 "缓慢进入"对话框

⑯ 保存演示文稿。

【样文 A10-1】

【样文 A10-2】

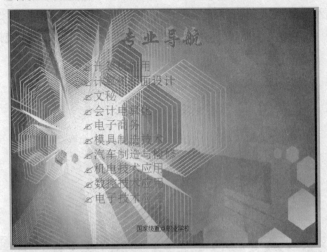

【样文 A10-3】

【样文 A10-4】

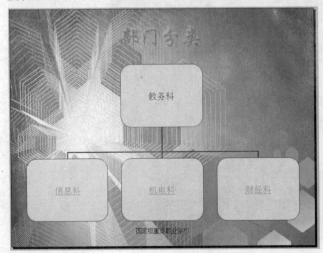

【样文 A10-5】

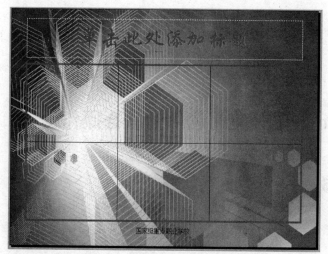

项目十一　办公软件的联合应用

任务一　Word 与其他应用软件的联合操作

一、使用宏提高编辑效率

1．宏的录制与运行

选择"工具/宏/录制新宏"菜单命令，在"录制宏"对话框中输入宏名称（不能含空格）；在"将宏指定到"框中选择运行宏的方式；在"将宏保存在"下拉列表中选择保存该宏的模板；设置好后单击"确定"按钮就开始录制；单击"停止录制"按钮停止。

选择准备运行该宏的对象；选择"工具/宏/宏"菜单命令，在"宏"对话框列表中选择需运行的宏，单击"运行"按钮。

☏注意：录制宏时接受所有键盘命令，但只接受部分鼠标操作（如选择菜单和对话框）；移动选择文本时必须使用键盘；不记录退格键删除的文本。一般在录制前先选择对象。

2．将宏指定到工具栏、菜单或键盘上

将宏指定到工具栏或键盘，可不通过"宏"对话框查找运行宏，可提高效率。若将宏指定到菜单或工具栏上，在"录制新宏"对话框中单击"工具栏"，弹出"自定义"对话框。单击"命令"选项卡，在"命令"列表框中选择宏命令名，并将其拖到工具栏的合适位置；若指定到菜单，需先打开下拉菜单，然后将宏命令拖到菜单上即可；若单击"键盘"按钮，则弹出"自定义键盘"对话框，将插入点置于"请按新快捷键"文本框中，并按 Ctrl+字母键，单击"指定"按钮。

将已有的宏指定到工具栏、菜单和键盘：选择"工具/自定义"命令，在弹出的"自定义"对话框中选择"命令"选项卡；在宏列表中选择所需的宏，将其拖到工具栏或下拉菜单中，或单击"键盘"按钮，将其指定给键盘。在"自定义"对话框中单击"更改所选内容"下拉按钮，可删除、重命名宏，还可复制、粘贴、编辑、修改按钮图标。

3．将宏指定到工具栏、菜单或键盘上

① 打开要应用宏的文档。
② 选择"工具/宏/宏"命令，打开"宏"对话框。
③ 在对话框中单击"管理器"按钮，打开"管理器"对话框，如图 11.1 所示。

④ 单击"在 Normal.dot 中"框下面的"关闭文件"按钮，再单击"打开文件"按钮，查找到提供宏的模板文件，单击"打开"按钮。

⑤ 在右侧的列表框中选择要复制的宏，单击"复制"按钮。

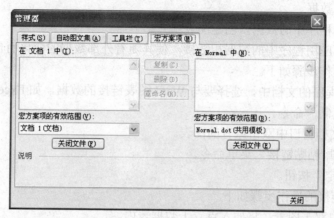

图 11.1 "管理器"对话框

二、在文档中应用图表

1. 图表的创建

（1）由文档中的各种表格生成图表

① 选中要生成图表的表格。

② 选择"插入/对象"菜单命令，打开"对象"对话框，如图 11.2 所示。

③ 单击"新建"选项卡，在"对象类型"列表框中选择"Microsoft Graph 图表"，再单击"确定"按钮。

④ 可在此基础上更改图表类型和编辑图表。

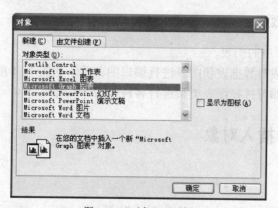

图 11.2 "对象"对话框

（2）直接插入图表对象

① 选择"插入/对象"菜单命令，打开"对象"对话框。

② 单击"新建"选项卡，在"对象类型"列表框中选择"Microsoft Graph 图表"，再单击"确定"按钮。

③ 可在默认的数据表内输入所需信息进行修改；也可选择"编辑/导入文件"菜单命令，从其他文件中导入数据。

（3）链接其他程序中的数据以创建图表

将图表与外部应用程序中的数据相链接，使其随着外部数据的变化而自动变化。

创建链接的操作步骤如下。

① 在源应用程序的文档中，选择要与 Word 图表链接的数据，如 Excel 工作表中的单元格数据，执行"复制"命令。

② 在 Word 文档窗口中双击原有的图表。

③ 选择"编辑/粘贴链接"菜单命令。

④ 单击"确定"按钮。

更改和断开链接的操作步骤如下。

① 在 Word 中双击图表，将插入点置于数据表内。

② 选择"编辑/链接"菜单命令，打开"链接"对话框如图 11.3 所示。

③ 单击"更改源"按钮，在"更改链接"对话框中输入重新链接的文档名称。

④ 若需断开链接，只需单击"断开链接"按钮。

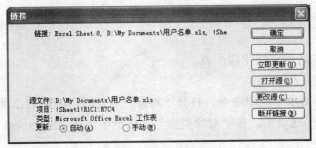

图 11.3 "链接"对话框

2. 修改图表中的数据

① 双击激活 Word 中的图表。

② 窗口菜单即变成对数据表和图表进行编辑的菜单，如图 11.4 所示。

③ 选择相应菜单即可选择图表类型进行各种编辑。

三、在文档中插入对象

1. 插入声音

① 打开一个文档，将光标置于要插入声音的位置。

② 选择"插入/对象"菜单命令，打开"对象"对话框。

③ 在对话框中选择"由文件新建"选项卡，单击"浏览"按钮，选择要插入的声音文件，

单击"插入"按钮。

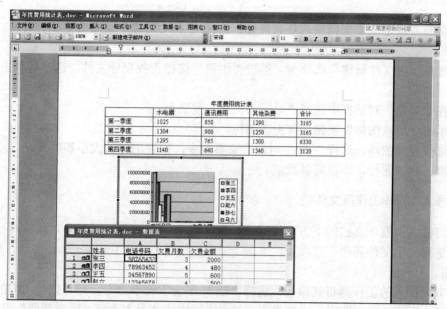

图 11.4 编辑数据表和图表

④ 在"对象"对话框中，选择"显示为图标"复选框。

⑤ 单击"更改图标"按钮，可更改图标。

⑥ 选择声音图标，选择"格式/对象"菜单命令，设置图标的大小。

⑦ 双击声音图标，即可将其激活。

2．插入水印

① 将插入点置于文档的任意位置，选择"格式/背景/水印"菜单命令，打开"水印"对话框，如图 11.5 所示。

② 若选择"图片水印"单选钮，则单击"选择图片"按钮。

③ 若选择"文字水印"单选钮，可选择文字内容、字体、大小、颜色和版式。

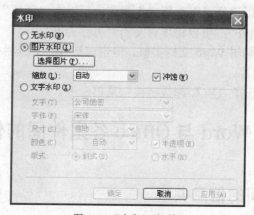

图 11.5 "水印"对话框

3. 插入视频

① 将插入点定位于文档中的任意位置，选择"插入/对象"菜单命令，打开"对象"对话框。

② 选择"由文件新建"选项卡，单击"浏览"按钮查找视频文件，选择后单击"插入"按钮。

③ 在"对象"对话框中选择"显示为图标"复选框。

④ 单击"更改图标"按钮，可更改图标。

⑤ 选择视频图标，选择"格式/对象"菜单命令，设置图标的大小和版式。

⑥ 双击视频图标，即可将其激活。

4. 插入 Excel 工作簿文件

① 将插入点置于文档的下方，执行"插入/对象"菜单命令，打开"对象"对话框。

② 选择"由文件新建"选项卡，单击"浏览"按钮，选择 Excel 工作簿文件，单击"插入"按钮。

③ 双击插入的工作簿将其激活，选择"插入/图表"菜单命令，即可创建所需的图表。

④ 双击图表，再在图表上右键单击，在弹出的快捷菜单中选择"图表类型"或"图表选项"命令，可对图表进行各种编辑。

5. 插入演示文稿图标

① 将插入点置于文档所需位置，选择"插入/对象"菜单命令，打开"对象"对话框。

② 选择"由文件新建"选项卡，单击"浏览"按钮选择演示文稿文件，单击"插入"按钮。

③ 选择"显示为图标"复选框，单击"更改图标"按钮，修改图标。

④ 选择"格式/对象"菜单命令，对图标进行设置和修改。

四、制作 Web 页

① 创建 Web 页：可以选择"Web 版式"视图；可以在"新建"对话框中选择 Web 向导或模板（必须安装 Web 组件）；可以将现有文档"另存为网页"。

② 编辑 Web 页：与编辑 Word 文档类似，但也可选择"工具栏/Web 工具箱"，以创建滚动文字、添加音频、视频等。

③ 创建超级链接：选择"插入/超级链接"菜单命令。

任务二　Word 与 Office 各组件间的信息共享

一、与 Excel 间的信息共享

① 使用复制/粘贴命令，完全变成 Word 表格，与原 Excel 工作表无任何联系。

② 使用链接的方法：同时打开 Word 文档和 Excel 工作表；选择 Excel 中的所需数据或图表，执行"复制"命令；在 Word 中选择"编辑/选择性粘贴"菜单命令，在弹出的对话框中选中"粘贴链接"单选钮，在"形式"列表框中选择一种形式；若选择"显示为图标"，则以图标显示；当对源数据修改时，可选择"编辑/链接"命令进行更新，目标数据自动修改。

③ 使用嵌入的方法：在 Word 文档中确定嵌入位置；选择"插入/对象"菜单命令；在"对象类型"列表框中选择"Microsoft Excel 工作表"或"Microsoft Excel 图表"；双击可对其进行修改。

二、与 PowerPoint 的信息共享

① 使用复制/粘贴命令将 PowerPoint 中的文本或图片插入到 Word 文档中。

② 通过"插入/对象"菜单命令，可将演示文稿或幻灯片嵌入或链接到 Word 文档。

③ 选择"文件/发送"菜单命令，将幻灯片"粘贴"或"粘贴链接"到 Word 文档，也可只发送大纲。

任务三　Excel 与其他应用软件的联合操作

一、Excel 的宏操作

① 记录宏：选择"工具/宏/录制新宏"菜单命令。

② 运行宏：选择"工具/宏/宏"菜单命令。

③ 编辑宏：选择"工具/宏/宏"菜单命令，在弹出的对话框中选择需编辑的宏，单击"编辑"按钮。

④ 指定宏。

1. 指定到键盘

① 选择"工具/宏/宏"菜单命令，在"宏"对话框中的名称框中输入要指定快捷键的宏名称。

② 单击"选项"按钮，弹出"宏选项"对话框，如图 11.6 所示。

③ 在"快捷键"文本框中输入一个字母或 Shift+字母，单击"确定"按钮。

2. 指定到工具栏

① 选择"视图/工具栏/自定义"菜单命令，弹出"自定义"对话框，如图 11.7 所示。

② 单击"工具栏"选项卡中的"新建"按钮，弹出"新建工具栏"对话框，给工具栏命名。

③ 在"命令"选项卡中的"类别"列表框中选择"宏"，然后将"自定义按钮"命令从"命令"列表框中拖到"自定

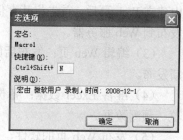

图 11.6 "宏选项"对话框

义工具栏"中。

④ 单击"更改所选内容"按钮，在弹出的"命名"文本框中输入自定义的按钮名称。

⑤ 单击"指定宏"命令，在"名称"编辑框中输入要运行的宏名称，单击"确定"按钮。

 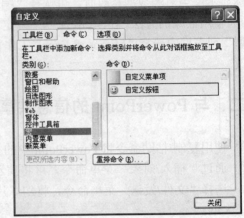

图 11.7 "自定义"对话框

3. 指定到图片或按钮

① 在工作表中选择图片或按钮。

② 单击鼠标右键，在弹出的快捷菜单中选择"指定宏"命令，弹出"指定宏"对话框，如图 11.8 所示。

③ 若将已有的宏指定给图片或按钮，可在宏列表中选择所需宏，单击"确定"按钮；若记录一个新宏并指定给图片，则单击"录制"按钮。

二、发布 Web 页

1. Web 页发布的基本概念

（1）使用交互式或非交互式数据：交互式允许网络用户查看并编辑；非交互式只允许简单浏览，不允许编辑。

（2）存储并发布 Web 页的基本内容：在 Excel

图 11.8 "指定宏"对话框

中建立 Web 页后，首先将其存储或发布到某一特定位置，并对其进行测试和浏览，然后将其发布到 Web 服务器。

（3）编辑 Web 页：发布后的 Web 页可对其进行编辑修改，并保存成 Web 页，然后再重新发布。

（4）准备 Excel 数据：备份原工作簿；准备交互式或非交互式数据；建立超级链接；预览、预测数据。

（5）发布 Web 页的软件、硬件环境：发布交互数据需 Office 专业版、安装 Web 组件、浏览器、网络协议、服务器 URL 等；发布非交互性数据只需安装 Office 专业版和浏览器。

（6）预览 Web 页：单击"文件/网页预览"菜单命令。

2. 在 Web 网上发布 Excel 数据

（1）发布整个工作簿

① 选择"文件/保存为网页"菜单命令，打开"另存为"对话框，如图 11.9 所示。

② 选择"整个工作簿"单选钮。

③ 输入 Web 页文件名，单击"保存"按钮（注：自定义的视窗、合并计算、方案不保存）。

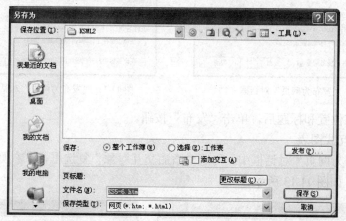

图 11.9 "另存为"对话框

（2）发布非交互式数据或图表

① 选择"文件/保存为网页"菜单命令。

② 在"另存为"对话框中单击"发布"按钮，弹出"发布为网页"对话框，如图 11.10 所示。

③ 在"选择"下拉列表中选择发布类型；单击"标题"右侧的"更改"按钮可输入发布标题。

④ 单击"文件名"右侧的"浏览"按钮，设置发布位置，单击"发布"按钮。

（3）发布交互式电子表格

① 选择"文件/保存为网页"菜单命令。

② 在"另存为"对话框中单击"发布"按钮，弹出"发布为网页"对话框，如图 11.11 所示。

③ 在对话框中勾选"添加交互对象"复选框，在右侧的下拉列表中选择"电子表格功能"。

④ 设置发布位置和标题后，单击"发布"按钮。

（4）发布交互式数据透视表

① 选择要发布的表。

② 选择"文件/保存为网页"菜单命令。

③ 在"另存为"对话框中单击"发布"按钮，弹出"发布为网页"对话框，如图 11.12 所示。

④ 在对话框中勾选"添加交互对象"复选框，在右侧的下拉列表中选择"数据透视表功能"。

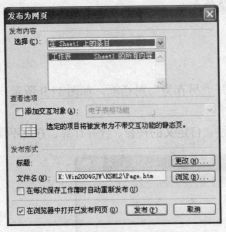

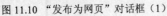

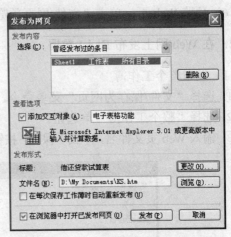

图 11.10 "发布为网页"对话框（1）　　　　　图 11.11 "发布为网页"对话框（2）

⑤ 设置发布位置和标题后，单击"发布"按钮。

（5）发布交互式图表

① 在"发送为网页"对话框中，勾选"添加交互对象"复选框，下右侧的下拉列表中选择"图表功能"，如图 11.13 所示。

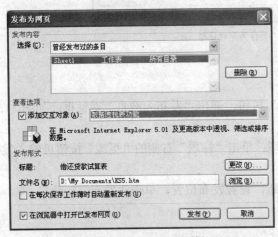

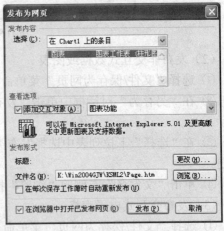

图 11.12 "发布为网页"对话框（3）　　　　　图 11.13 "发布为网页"对话框（4）

② 设置发布位置和标题后，单击"发布"按钮。

3．在 Excel 中查看 HTML 文件

① 选择"文件/打开"菜单命令。

② 在"打开"对话框的"文件类型"下拉列表中，选择".HTML"类型。

③ 选择需打开的文件。

4．将 Web 数据导入 Excel 文件

① 使用复制/粘贴命令。

② 在浏览器中选择"使用 Excel 编辑器"命令。

③ 选择"文件/打开"菜单命令。

任务四 PowerPoint 与其他应用软件的联合操作

一、利用 Word 文档大纲创建演示文稿

① 打开 Word 文档，选择"文件/发送/Microsoft Office PowerPoint"菜单命令。
② 新建演示文稿，选择"插入/幻灯片（从文件）"菜单命令，选择 Word 文档。
③ 新建演示文稿，选择"插入/幻灯片（从大纲）"菜单命令，选择 Word 文档。

二、在演示文稿中插入声音文件

① 选择"插入/对象"菜单命令，显示如图 11.14 所示的对话框。
② 选择"由文件创建"单选钮，单击"浏览"按钮选择声音文件。
③ 选择"显示为图标"复选框，单击"更改图标"按钮，选择图标文件。
④ 选择声音图标，选择"格式/对象"菜单命令，设置图标属性。

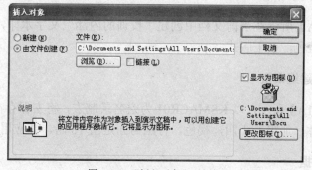

图 11.14 "插入对象"对话框

☎注意：也可选择"插入/影片和声音"菜单命令，以插入声音文件或录制声音。

三、在演示文稿中插入工作表或图表

① 选择"插入/对象"菜单命令，在弹出的对话框中可选择"新建"或"由文件创建"单选钮；还可选择"显示为图标"或"链接"复选框。
② 选择"插入/图表"菜单命令。

项目综合实训

在利用计算机办公中，经常需要对 Word、Excel、PowerPoint 等 Office 组件资源进行共

享，将组件资源相互调用，这样可以快速提高工作效率。

实训一

【操作要求】

打开 A11-1.DOC，按如下要求进行操作。

1．在文档中插入声音文件

① 按【样文 11-1A】所示在文件末尾插入声音文件 11-1.mid，替换图标为 11-1.ICO，设置对象格式为高 2.5cm、宽 3.5cm，浮于文字上方。

② 激活插入到文档中的声音对象。

2．在文档中插入视频文件

按照【样文 11-1A】所示在当前文档的末尾插入视频文件 11-1.WMV，设置对象格式为高 2.5cm、宽 3.5cm，浮于文字上方。

3．在文档中插入水印

按【样文 11-1A】所示在当前文档中创建"校训的内涵"文字水印，并设置水印格式为华文行楷，自动，蓝色，水平版式。

4．在文档中创建编辑宏

按照【样文 11-1A】所示，以 KSMACR01 为宏名录制宏，将宏保存在当前文档中，要求设置字体格式为楷体，加粗，小四，褐色，行距为固定值 18 磅，并应用在第一段中。

5．使用外部数据

① 在当前文档下方插入 11-1.XLS，按照【样文 11-1B】所示将工作表中的数据生成三维簇状柱形图图表，再以 Excel 对象的形式粘贴至当前文档的第二页。

② 按照【样文 11-1C】所示将第二页对象中的图表类型更改为簇状柱形图，并为图表添加标题。

6．在各种办公软件间转换文件格式

保存当前文档，并重新以 Web 文件类型另存文档，页面标题为"通用技术工程学校"。

【操作步骤】

① 打开 A11-1.DOC，单击"插入"菜单中的"对象"命令，弹出"对象"对话框，选择"由文件创建"选项卡，如图 11.15 所示。单击"更改图标"按钮，更换图标。

② 单击鼠标右键，在弹出的快捷菜单中选择"设置对象格式"命令，弹出"设置对象格式"对话框，设置相应的大小，如图 11.16 所示。

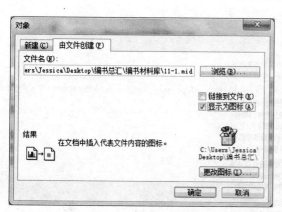

图 11.15　"对象"对话框

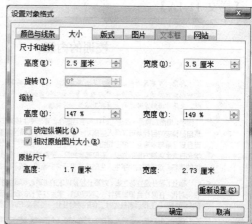

图 11.16　"设置对象格式"对话框

③ 双击声音图标，激活声音对象，弹出如图 11.17 所示的对话框，选择"是"按钮。

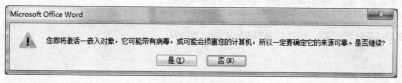

图 11.17　提示框

④ 如上步骤插入视频文件 11-1.WMV，并设置格式。

⑤ 单击"格式"菜单中的"背景"命令，选择"水印"，弹出"水印"对话框，如图 11.18 所示。设置水印格式为华文行楷，自动，蓝色，水平版式。

⑥ 单击"工具"菜单中的"宏"命令，选择"录制新宏"命令，弹出"录制宏"对话框，如图 11.19 所示。按照要求设置，并应用于第一段。

⑦ 在文档下方单击"插入"菜单中的"对象"命令，插入 11-1.xls，将工作表中的数据生成三维簇状柱形图图表工作表，再以 Excel 对象的形式粘贴至当前文档的第二页。

图 11.18　"水印"对话框

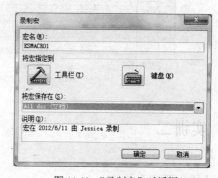

图 11.19　"录制宏"对话框

⑧ 单击"文件"菜单中的"保存"命令保存当前文档，并重新以 Web 文件类型另存文档，页面标题为"通用技术工程学校"。

【样文 11-1A】

校训的内涵

厚德： 万事德为先。先学做人，后学做事。人类是按照美的原则来认识世界和改造世界的。心灵美和行为美是事业成功的通行证。中专学生相对学历较低，美德方面的身体力行更具有普遍性和关键性。

博学： 博而后能通。信息化时代和学习型社会要求学生拥有广博的知识才能实现自己预定的目标从而获得人生成功。中专学生不仅要精通本专业的专门知识，而且要了解与本专业发展密切相关的其他专业知识，还要广泛涉猎管理学、社会学和日常生活等方面的知识。不仅要学知识，还要学技能，通过不断操练形成熟练的技巧。这样就会为学生人生的成功打开许多窗口，留下很多接口。

敬业： 敬业是立身之本。对事业孜孜以求的进取心和精益求精的敬业精神是任何时代、任何社会都需要并受到欢迎的。学生在学校的敬业精神体现在对学业的刻苦钻研，工作后表现为对工作的兢兢业业，位居高职时更要在其位谋其政。

创新： 创新是一个民族进步的灵魂，是一个国家发展的不竭动力，也是个人自强不息的源泉。学习的根本目的在于创新和应用。创新体现了教育所激发人的主体精神和力量。各行各业都有创新的可能。不同的岗位都存在不同程度和不同方式的创新。因此要唤醒学生创新意识、激发学生创造欲望、开发学生创造潜能、塑造创新品格、形成创新能力和造就创新型人才。

厚德、博学、敬业、创新这四者层次上有一种递进的关系。只有首先通过厚德，学会做人，然后才能博学，明白事理；博学、厚德以后才能敬业；博学、厚德、敬业之后才能有所创新。博学、厚德、敬业、创新也体现了一种可持续发展。在学校时就厚德、博学、敬业，走向社会以后才能在敬业的基础上有所创新。

C:\Users\Jessica\   C:\Users\Jessica\
Desktop\编书总汇\   Desktop\编书总汇\

【样文 11-1B】

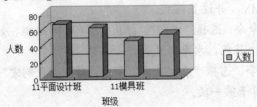

【样文 11-1C】

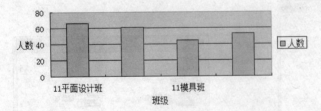

实训二

【操作要求】

打开 A11-2.DOC，按如下要求进行操作。

1．利用文档大纲创建演示文稿

① 按照【样文 11-2A】所示以当前文档大纲结构在 PowerPoint 中创建 6 张幻灯片，将演示文稿应用设计模板 Blends.pot。

② 为所有幻灯片的标题和文本预设从上部飞入的动画效果，并将演示文稿保存，命名为 A11-2.PPT。

2．在演示文稿中插入声音文件

按照【样文 11-2A】所示在第一张幻灯片中插入声音文件 11-2.mid，替换图标 11-2.ICO，设置对象格式为宽 2.25cm、高 4.9cm。

3．演示文稿中插入数据表或图表

在第三张幻灯片中插入图表 11-2.xls。

【操作步骤】

① 打开 PowerPoint 2003 软件，单击"插入"菜单中的"幻灯片（从大纲）"命令，建立 6 张幻灯片。单击"幻灯片设计"窗格，选择设计模板 Blends.pot。

② 单击"插入"菜单中的"对象"命令，弹出"插入对象"对话框，选择"由文件创建"单选钮，如图 11.20 所示。单击"更改图标"按钮，更换图标。

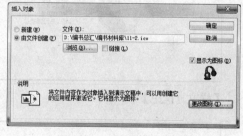

图 11.20 "插入对象"对话框

③ 单击鼠标右键，在弹出的快捷菜单中选择"设置对象格式"命令，弹出"设置对象格式"对话框，设置相应的大小，如图 11.21 所示。

④ 按照第（2）步的方法，插入 11-2.xls。双击工作表，建立如图 11.22 所示的图表。

图 11.21 "设置对象格式"对话框

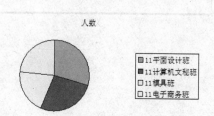

图 11.22 图表

【样文 11-2A】

学校简介

■ 学校是一所国家级重点中等专业学校，全国职业教育先进单位，全国示范性计算机实训基地，江西绿化模范单位。

【样文 11-2B】

专业介绍

■ 计算机专业
  - 计算机文秘
  - 计算机平面设计
  - 计算机应用
■ 涉农专业
  - 绿色食品
  - 农村经济综合管理
  - 农业机械使用与维护
  - 园林绿化
■ 汽车制造与检修
■ 数控技术应用

【样文 11-2C】

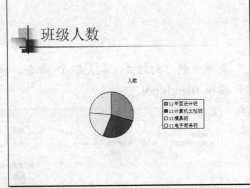

班级人数

人数

- 11平面设计班
- 11计算机文秘班
- 11模具班
- 11电子商务班

【样文 11-2D】

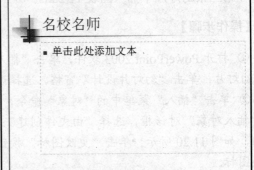

名校名师

■ 单击此处添加文本

【样文 11-2E】

名校名师

■ 单击此处添加文本

【样文 11-2F】

其他信息

■ 单击此处添加文本